Die räumliche Einordnung der Zeit
The Spatial Classification of Time

Uta + Heinz Volkenborn

Die räumliche Einordnung der Zeit
The Spatial Classification of Time

9 Abbildungen

9 Figures

Deutsch – Englisch

Bibliografische Information der Deutschen Nationalbibliothek:
Die Deutsche Nationalbibliothek verzeichnet diese Publikation
in der Deutschen Nationalbibliografie; detaillierte bibliografische
Daten sind im Internet über http://dnb.d-nb.de abrufbar.

English translation by Alexander Graf

© 2010 Uta+Heinz Volkenborn
Umschlaggestaltung und Abbildungen: Uta+Heinz Volkenborn
Gesetzt aus der Stempel Garamond
Satz, Herstellung und Verlag:
Books on Demand GmbH, Norderstedt

ISBN 978-3-8391-5643-8

Inhalt
Contents

Prologue 8
Prolog 9

Future Thought 18
Zukünftiges Denken 19

Spatial-Temporal Cognition 26
Raum-zeitliches Erkennen 27

Structural Generalization of Time 38
Strukturelle Verallgemeinerung der Zeit 39

Elementary Time 46
Elementare Zeit 47

0-Point of Time 54
0-Punkt der Zeit 55

Fundamental Energy of Time 64
Basiskraft der Zeit 65

Energy Lines of Time 78
Kraftlinien der Zeit 79

Behaviour of Time 88
Verhalten der Zeit 89

Epilogue 100
Epilog 101

References
Nachweise

Den lieb ich, der Unmögliches begehrt
(Manto in Goethes Faust. Der Tragödie zweiter Teil)

I like the ones who want impossible things
(Manto in Goethe's Faust. The Second Part of the Tragedy)

Prologue

That space and time represent the basic forms of existence in nature is clearly undisputed. On the other hand, not undisputed is if we take the standpoint of philosophy and describe time as a form of existence of the human consciousness. Here, time then disintegrates into the modi of past, present and future, or, as Augustine said, into "the present of the past, the present of the given-now and the present of the future" (1).

Indeed, with such a description, we could expect a certain agreement from the neurophysiology, which in fact supports a time modus of past, present and future, in order that we can consciously perceive the point in time of the given Now (33). Surely the hope of agreement with the exact science would be in vain. At least if we were to ask Einstein. Because, according to him, the division of time "between past, present and future has only the meaning of an illusion, even if this is a persistent illusion" (50). But indeed, this is only to be expected from the author of the specific and general theory of relativity.

However, also within the realm of exact science, this is not undisputed. Because if we follow the theories of Einstein, we are compelled to cast the laws of physics in a form that contains a four-dimensional symmetry. However, if we now use these laws to arrive at the results of observations,

Prolog

Dass Raum und Zeit die grundlegenden Existenzformen der Natur sind, dies dürfte wohl unstrittig sein. Strittig hingegen dürfte es werden, wenn wir den Standpunkt der Philosophie einnehmen. Wenn wir also die Zeit als eine Existenzform des menschlichen Bewusstseins beschreiben, die im Verstand zur Wirkung kommt. Womit die Zeit hier in die Modi der Vergangenheit, Gegenwart und Zukunft zerfallen würde oder, um es mit Augustinus zu sagen, in die „Gegenwart des Vergangenen, Gegenwart des Gegenwärtigen und Gegenwart des Zukünftigen" (1).

Zwar könnten wir mit einer solchen Beschreibung eine gewisse Zustimmung von der Neurophysiologie erwarten, die einen Zeitmodus von Vergangenheit, Gegenwart und Zukunft schon deshalb befürwortet, damit wir bewusst den Zeitpunkt des gegebenen Jetzt auch wahrnehmen können (33). Auf eine Zustimmung der exakten Wissenschaft würden wir dagegen vergebens hoffen. Zumindest wenn wir bei Einstein nachgefragt hätten. Denn für Einstein hatte die Scheidung der Zeit „zwischen Vergangenheit, Gegenwart und Zukunft nur die Bedeutung einer wenn auch hartnäckigen Illusion" (50). Was vom Verfasser der speziellen und allgemeinen Relativitätstheorie freilich nicht anders zu erwarten war.

Indes, auch innerhalb der exakten Wissenschaft ist dies nicht unstrittig. Denn folgen wir den einsteinschen Theorien, dann werden wir veranlasst, alle Gesetze der Physik in eine Form zu bringen, die eine vierdimensionale Symmetrie aufweist. Aber wenn wir diese Gesetze benutzen, um Resultate über

we are then forced again to introduce the three-dimensional cross-section of reality, because only this cross-section can describe our perception of the world as a particular point in time (15). Thus, so to say, through the back door of observations, the three modi of time re-enter.

From this we may conclude that two ways of viewing time exist, which are clearly irreconcilable with each other: the one of philosophy and the one of exact science This again decays into two ways of viewing: the causality of the theory of relativity (17; 18) and the acausality of quantum mechanics (29). This certainly does not make the matter any simpler.
But here it is not our purpose to discredit the viewpoint of exact science or of philosophy or to pit the two against each other. At any rate, both viewpoints are without exception sidereal hours of human perception. Far more, we are concerned with the unification of both. Therein, the unifying of quantum mechanics and the theory of relativity is integrated.

However, before we consider such unification in detail, we would like to depart from time for a moment and view space separately. Here we wish to remark that our task is not with exact science or philosophy, as one would assume for such a work, but of architecture, which here serves as our capability in the subject of space.

Beobachtungen zu erhalten, dann sind wir gezwungen, den dreidimensionalen Ausschnitt einer Wirklichkeit wieder einzuführen, weil nur dieser Ausschnitt unser Bewusstsein von der Welt zu einem bestimmten Zeitpunkt beschreiben kann (15). Womit gleichsam durch die Hintertür der beobachteten Wirklichkeit die Zeitmodi wieder Einzug halten.

Stellen wir also fest: Es existieren zwei Betrachtungsweisen der Zeit, die offenbar unvereinbar miteinander sind, diejenige der Philosophie und diejenige der exakten Wissenschaft, die ihrerseits wiederum in zwei Betrachtungsweisen zerfällt: der kausal bestimmten Relativitätstheorie (17; 18) und der akausal bestimmten Quantenmechanik (29). Was die Sache gewiss nicht einfacher macht.

Nun ist es uns hier nicht darum zu tun, die Betrachtungsweise der exakten Wissenschaft oder die der Philosophie gering zu reden oder beide gegeneinander auszuspielen. Immerhin handelt es sich ausnahmslos um Sternstunden des menschlichen Erkennens. Vielmehr geht es uns um die Vereinheitlichung beider Betrachtungsweisen. Worin die Vereinheitlichung von Relativitätstheorie und Quantenmechanik noch einbezogen ist.

Bevor wir uns aber mit einer solchen Vereinheitlichung im Einzelnen befassen, wollen wir die Zeit für einen Moment beiseite lassen und den Raum isoliert betrachten. Hierzu sei eine Anmerkung erlaubt oder gar geboten: Unser Geschäft ist nicht das der Philosophie oder das der exakten Wissenschaft, wie eine solche Arbeit dies vermuten lässt, sondern das der Architektur. Was auf unser räumliches Vermögen aufmerksam macht, das als Voraussetzung für unsere Arbeit unentbehrlich ist.

At this point, the objection could be raised that space is not unknown in either the philosophy or the exact science. This we do not wish to dispute at all.

Nevertheless, here space is described either as an "extension" (4) or must be "boundless" (19) while architects must always distinguish between inner and outer space and observe the boundary between both in order to bestow existence and form. And that this boundary is not only of architectural importance but also a fundamental principle of nature, is firmly shown by natural phenomena. For every natural phenomenon takes its form in terms of the boundary, separating its inner from its outer, whether the human brain or cells or elementary matter.

With respect to space, then, we are speaking neither of an extension nor a boundless space, but of a boundary within space, to which time must be added. Of course, not separately from "extension" (4) or as a dimension in addition to a three-dimensional space, so that one "must view space and time objectively and inseparable as a four-dimensional continuum" (19). Thus, time is to be seen as an indeterminate unity of future, present and past, which takes effect within the dimensions of space.

This corresponds to the Augustinian description of time (1). But of course not limited to human consciousness as Kant's "thing as such" (35[1]) demands, because not only the human brain but every natural phenomenon in its boundaries is

Hier könnte der Einwand erhoben werden: Auch der Philosophie und exakten Wissenschaft sei der Raum nicht unbekannt. Was wir auch gar nicht bestreiten wollen.
Allerdings wird hier der Raum entweder als „Ausdehnung" (4) beschrieben oder als „unbegrenzt" (19) gefordert, während der Architekt immer zwischen Innenraum und Außenraum zu unterscheiden hat und die Grenze zwischen beiden Räumen beachten muss, um ihr Bestand und Gestalt zu verleihen. Und dass diese Grenze nicht nur von architektonischer Bedeutung ist, sondern ein fundamentales Prinzip der Natur darstellt, dies belegen die Naturerscheinungen nachdrücklich. Denn jede Naturerscheinung findet ihre Gestalt in ihrer Grenze, die das Innere vom Äußeren abtrennt, das menschliche Gehirn ebenso wie die Zelle und die elementare Materie.
Was also den Raum angeht, so reden wir weder von einer „Ausdehnung" noch von einem „unbegrenzten Raum", sondern von einer Grenze im Raum. Wozu die Zeit noch hinzugegeben werden muss. Freilich nicht von der „Ausdehnung" getrennt (4) oder als zusätzliche Dimension eines dreidimensionalen Raumes, sodass man „Raum und Zeit objektiv unauflösbar als vierdimensionales Kontinuum auffassen muss" (19). Vielmehr wird die Zeit als eine in sich unbestimmte Einheit aus Zukunft, Gegenwart und Vergangenheit gesehen, die innerhalb der drei Raumdimensionen zur Wirkung kommt.
Und dies entspricht dann der augustinischen Zeitbeschreibung (1). Freilich nicht, um auf das menschliche Bewusstsein beschränkt zu bleiben, wie das kantische „Ding an sich" (35[1]) dies fordert. Womit gesagt sein soll, dass nicht

structured by the three dimensions of space and also by the three modi of time. In short: in nature, we are not concerned with an "extension" and, separately, with a "duration" (4), or with an "inseparable unity of space and time" (19), but with a natural inner space of time within a natural outer space of timelessness. Here this is called: the spatial classification of time.

A remark remains here concerning the method. This we refer to as our acquired qualification to combine different professions to a three-dimensional form. This is mentioned here because we wish to proceed in the same manner with the spatial classification of time. However, this is not because we wish to propose a new assumption about the modi of time. Rather, we will make known and proven phenomena recognisable in its temporal structure, whether deriving from philosophy or from exact science, and transpose these to space, which nature undoubtedly demands. A graphic representation is given in Figure 1.

nur das menschliche Gehirn, sondern jede Naturerscheinung in ihrer Begrenzung sowohl die drei Dimensionen des Raumes als auch die drei Zeitmodi vorweisen kann. Kurzum: In der Natur haben wir es nicht mit einer „Ausdehnung" zu tun und getrennt davon mit einer „Dauer" (4) oder mit einer „untrennbaren Einheit von Raum und Zeit" (19), sondern mit einem naturgegebenen Innenraum der Zeit im naturgegebenen Außenraum der Zeitlosigkeit. Was hier die räumliche Einordnung der Zeit heißt.

Bleibt noch eine Anmerkung zur Methode übrig. Hierzu sei auf unsere erworbene Fähigkeit verwiesen, bauliche Gewerke zu einer dreidimensionalen Gestalt zusammenzufassen. Dies halten wir insofern für erwähnenswert, weil wir bei der räumlichen Einordnung der Zeit in gleicher Weise vorgehen werden. Doch geschieht dies nicht etwa, indem wir die drei Zeitmodi grundsätzlich neu annehmen wollen. Vielmehr werden wir Bekanntes und Bewährtes in seiner Zeitlichkeit kenntlich machen, sei es nun der Philosophie oder der exakten Wissenschaft entnommen, und in jene Räumlichkeit versetzen, welche die Natur fraglos verlangt. Eine graphische Darstellung zeigt Abbildung 1.

16 Spatial Classification of Time

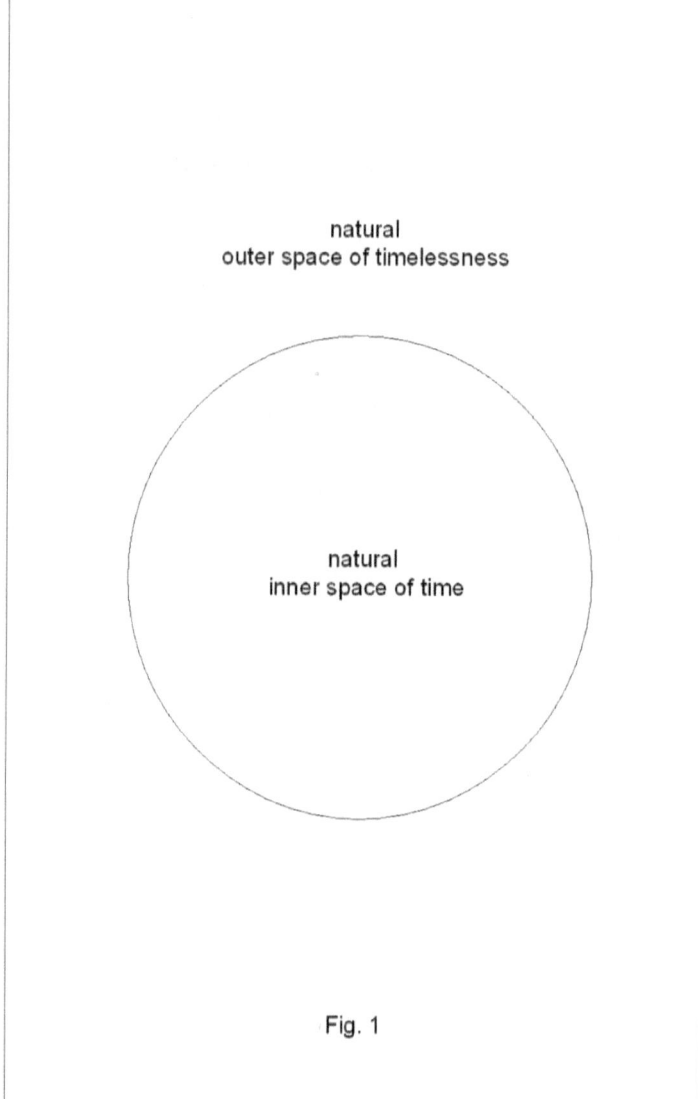

Fig. 1

**naturgegebener
Außenraum der Zeitlosigkeit**

**naturgegebener
Innenraum der Zeit**

Abb. 1

Future Thought

Time is an aspect of natural inner space. Looking more closely, the following emerges: time appears in the behaviour of elementary matter and in the behaviour of cell, finding its cognitive form in the human mind. Thus, in the human mind, cognition and time form an intrinsic unity, so that cognition is time and time cognition. If we want to spatially classify time, why not start here, wherein each of us are most familiar. So let us begin with our mind's cognitive capabilities and turn to thought, which is equated with cognition. Because since René Descartes established: "I think, therefore I am" (11), and raised this phrase to the first principle of his philosophy, thought has been considered the cognitive distinction of reason.

To understand this, we will first briefly address the basics of Cartesian philosophy more precisely. Of course, Descartes did not invent thought. People thought, and called it so, before. What is meant is rather the "thinking I" which he took as the pivot of reason. Here thought is removed from the unity of sensory perception by separating it from the body and attributing it to the mind and spirit. Consequently, only thought can penetrate to objective truth, whereas visual and emotional comprehension must fall away as subjective forms of cognition. Their cognition is to be met with suspicion (12[1]). In short: Cartesian distinction of reason, is founded only in the self-confidence of the

Zukünftiges Denken

Die Zeit ist eine Erscheinung des naturgegebenen Innenraums. Bei näherer Betrachtung wird sich dies erweisen: Die Zeit kommt im Verhalten der elementaren Materie zum Vorschein und im Verhalten der Zelle, um im menschlichen Verstand ihre erkennende Form zu finden. Woraus folgt: Im menschlichen Verstand bilden Erkennen und Zeit eine wesenhafte Einheit, sodass Erkennen hier Zeit ist und Zeit hier Erkennen. Und wenn wir die Zeit räumlich einordnen wollen, warum nicht zunächst hier, wo sie jedem von uns am nächsten ist. Beginnen wir deshalb mit der erkennenden Fähigkeit unseres Verstandes und wenden uns dem Denken zu, das mit Erkennen gleichgesetzt wird. Denn seit René Descartes feststellte: „Ich denke, also bin ich" (11), und diese Feststellung zum ersten Grundsatz seiner Philosophie erhob, seitdem ist das Denken als die erkennende Verstandesbestimmung gesetzt.

Um dies zu verstehen, wollen wir auf die Grundzüge der cartesischen Philosophie kurz eingehen. Hierzu sei gesagt, dass Descartes das Denken nicht erfunden hat. Auch vordem haben die Menschen gedacht und dies auch so benannt. Vielmehr ist hiermit das „denkende Wesen" gemeint, das Descartes in den Mittelpunkt des Verstandes rückt. Dazu wird aus der Einheit der sinnlichen Wahrnehmungen das Denken herausgelöst, indem es vom Körper getrennt und an Seele und Geist gebunden wird. Sonach kann allein das Denken zur objektiven Wahrheit vordringen, während das bildhafte und fühlende Verstehen als subjektive Verstandesformen zurückbleiben müssen. Sie haben als zweifelhaft

"thinking I", detached from visual and emotional comprehension and able to progress to provable cognition.

From this we may conclude: thought is extensive cognition and therefore cognition of time in the unity and division of past, present and future. Simultaneously, this uniting and dividing moment cannot be assigned to thought but can only comprehend the future.

For thought moves ahead in a generalising, appraising and judging manner, leaving the given Now to arrive from one target point via the next to a new target content. This is called discursive capability, which has change as its content, in order to predict events so and only so. But even if thought only seeks to secure the already existing, it can never stand still in the given Now. Rather, it constantly moves towards an apparition which appears to be within reach and determinable in thought, even though it is not yet really present. Only comprehension of the future can reach this apparition. In short: the power and strength of thought is evidenced in its comprehension of the future. However, cognition of time cannot be derived from this.

If Descartes says that only the "thinking I" can resist the "evil spirit" (12^2) that pretends to teach truth, yet necessarily deceives, our answer is: thought itself deceives us by saying time when it can mean only future. This places time

in ihrem Erkennen zu gelten (12¹). Kurzum: Nur in der Selbstsicherheit des „denkenden Wesens", das sich losgelöst vom bildhaften und fühlenden Verstehen zur beweisbaren Erkenntnis fortbewegen kann, hierin ist die cartesische Verstandesbestimmung gesetzt.

Nun könnte hieraus gefolgert werden: Denken ist umfassendes Erkennen und damit auch Erkennen der Zeit in der Einheit und Trennung von Vergangenheit, Gegenwart und Zukunft. Doch dies vereinende und trennende Moment kann dem Denken nicht zugleich gegeben sein. Vielmehr kann es nur die Zukunft verstehen.

Denn verallgemeinernd, abwägend und urteilend bewegt das Denken sich vorwärts, indem es das gegebene Jetzt verlässt, um von einem Zielpunkt auf den nächsten schließend, zu einem neuen Zielinhalt zu gelangen. Was diskursives Vermögen heißt, das Veränderung zum Inhalt hat, um Ereignisse so und nicht anders vorherzusagen. Doch selbst dann, wenn das Denken nur die Sicherung des Vorhandenen verfolgt, kann es nie im gegebenen Jetzt stehen bleiben. Vielmehr bewegt es sich immerzu fort auf einen Vorschein hin, der im Denken schon greifbar und bestimmbar erscheint, obschon derselbe noch gar nicht wirklich vorhanden ist. Und diesem Vorschein kann nur das Verstehen der Zukunft zukommen. Kurzum: Im Verstehen der Zukunft zeigen sich die Kraft des Denkens und seine Stärke. Doch das Erkennen der Zeit ist hieraus nicht abzuleiten.

Und wenn Descartes sagt, dass allein das „denkende Wesen" jenem „bösen Geist" widerstehen kann, der die Wahrheit zu lehren vorgibt, doch notwendigerweise betrügt (12²), dann antworten wir: Es ist das Denken selbst, das uns betrügt,

into a situation of future distortion. A graphic representation is given in Figure 2.

indem es Zeit sagt, aber nur Zukunft meinen kann. Was die Zeit in eine zukünftige Schieflage versetzt. Eine graphische Darstellung zeigt Abbildung 2.

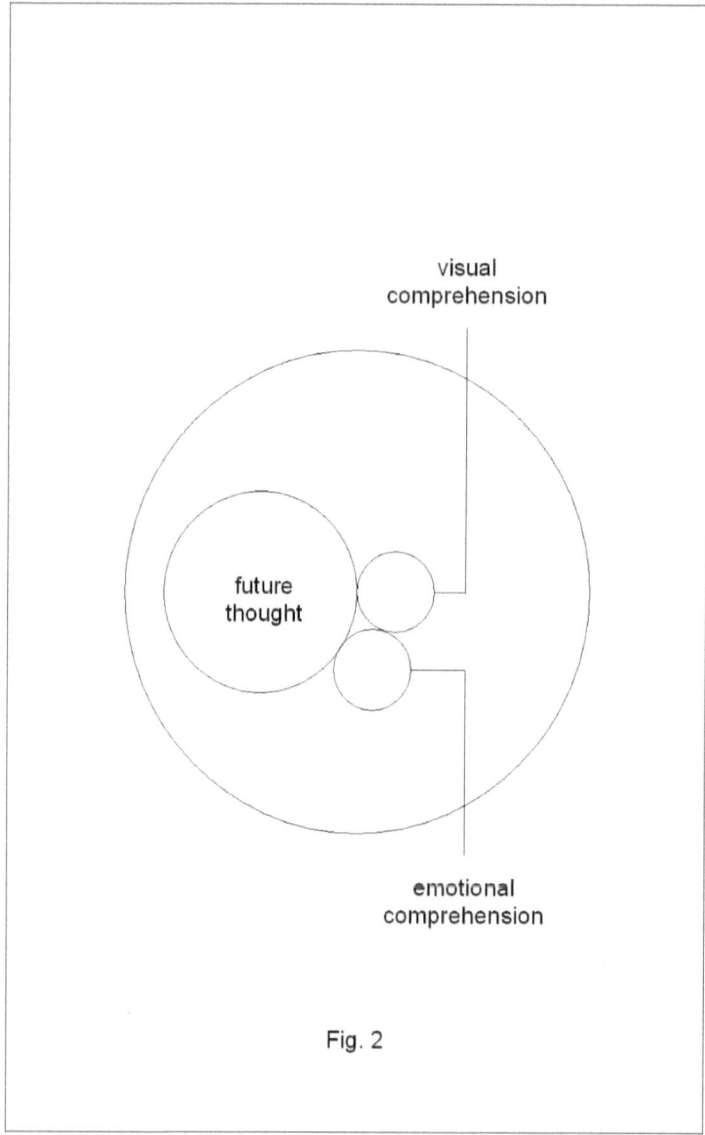

Fig. 2

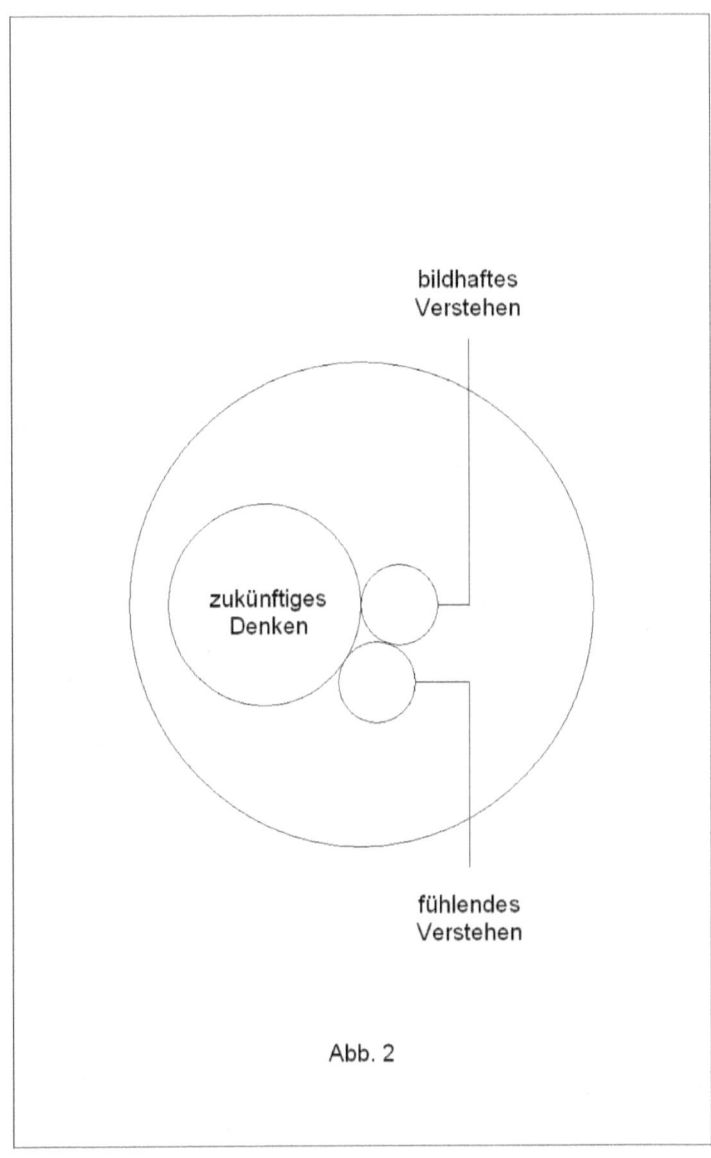

Abb. 2

Spatial-Temporal Cognition

Let us turn to the human brain as the locus of thought. Of course, not only thought is located here. It shares this location with visual and emotional comprehension which Descartes described as suspicious cognition. Nevertheless, visual and emotional comprehension constitutes spatial-temporal cognition together with thought. But we began by assuming that future thought had to be complemented by the first dimension. Subsequently, the past can be attributed to visual comprehension in the second dimension, to find the present in emotional comprehension, which unifies the first and second dimensions, raising these to the third. Space and time thus merge here to form cognition.

To understand this, we refer to the two cerebral hemispheres and the limbic system, hence to a spatially organised brain structure which proves to be multiply interlinked (8; 31; 32). So, via the limbic system, the sensory organs are directly linked and, with the exception of the olfactory bulb, cross-linked with both cerebral hemispheres which can communicate independently via the corpus callosum. There is no direct external link between the cerebral hemispheres. This suggests a functional architecture of cognition. The three forms of comprehension of spatial-temporal cognition are assigned to this architecture.

As regards cognition, the motory and sensory speech area is located in the left cerebral hemisphere. Here the sensory

Raum-zeitliches Erkennen

Wenden wir uns dem menschlichen Gehirn zu als dem Ort des Denkens. Hierzu sei gesagt: Das Gehirn wird nicht vom Denken allein in Anspruch genommen. Vielmehr teilt es sich diesen Ort mit jenen Verstandesformen, die Descartes als zweifelhaft in ihrem Erkennen bezeichnet hat. Es sind dies das bildhafte und fühlende Verstehen, die mit dem Denken das raum-zeitliche Erkennen ausmachen. Dabei sind wir vom zukünftigen Denken ausgegangen, das um die erste Dimension ergänzt werden muss. Anschließend lässt sich dem bildhaften Verstehen die Vergangenheit in der zweiten Dimension zuordnen, um im fühlenden Verstehen die Gegenwart vorzufinden, die die erste und zweite Dimension in sich vereint und zur dritten Dimension erhebt. Womit Raum und Zeit zum Erkennen sich hier zusammenschließen.

Um dies zu verstehen, verweisen wir auf die beiden Großhirnhemisphären und auf das limbische System, mithin auf ein räumlich organisiertes Hirngefüge, das sich vielfach vernetzt darstellt (8; 31; 32). So sind die Sinnesorgane über das limbische System direkt und – mit Ausnahme des Riechkolbens – in Überkreuzbeziehung mit den beiden Hemisphären verbunden, die sich eigenständig über das Corpus callosum noch austauschen können. Eine direkte Außenbeziehung der beiden Großhirnhemisphären gibt es nicht. Was eine räumlich-funktionale Architektur des Erkennens andeutet. Und dieser Architektur sind die drei Verstandesformen des raum-zeitlichen Erkennens dann eingeschrieben.

Was nun dies Erkennen angeht, so bleibt innerhalb der linken Hemisphäre das motorische und sensorische

speech area controls our speech comprehension so that we form the correct terms, translate these into words and script, and understand them in logical order (59), while the motory speech area is responsible for our speech capability and for correct sentence structure (7).

Since speech and thought form an inseparable unit we find Descartes' "thinking I" in the left cerebral hemisphere and therefore also the locus of future comprehension. However, the question remains how space is structured here. To answer, we recall discursive capability. Because with this alone, thought can isolate itself from visual and emotional comprehension to focus on a target-content which it must approach step by step. This can be achieved through a detour, without departing generally from the predetermined direction, as the target-content could otherwise not be reached. This direction is transferred to its spatial capacity, which is assigned to linear comprehension in the first dimension. In short: the left cerebral hemisphere is linked with the one-dimensional-future comprehension and subject only to this spatial-temporal capacity – and no other.

As disclosed, we will now address the spatial-temporal contribution of the right hemisphere to cognition. Here we refer to Roger W. Sperry (55), who first recognised that "split-brain patients" continue to react verbally with regard to the left cerebral hemisphere. Conversely, their reactions in the right hemisphere region were of a non-verbal nature

Sprachzentrum nachzutragen. Dabei steuert das sensorische Sprachzentrum unser Sprachverständnis, damit wir die richtigen Begriffe formen, diese in Wort und Schrift umsetzen und folgerichtig verstehen können (59), während das motorische Sprachzentrum für unser Sprachvermögen zuständig ist und für den rechtmäßigen Gebrauch des grammatikalischen Satzbaus (7).

Und weil Sprache und Denken eine untrennbare Einheit bilden, finden wir in der linken Hemisphäre das „denkende Wesen" des Descartes und somit den Ort des zukünftigen Verstehens. Doch damit ist es nicht abgetan. Nun stellt sich die Frage: Wie ist es hier mit dem Raum bestellt? Als Antwort sei an das diskursive Vermögen erinnert. Denn allein hiermit kann das Denken vom bildhaften und fühlenden Verstehen sich absondern und auf einen Zielinhalt ausrichten, den es, von einem Punkt auf den anderen schließend, anzusteuern gilt. Was auf Umwegen verlaufen darf, ohne von der vorgegebenen Richtung grundsätzlich abzuweichen, da ansonsten der angestrebte Zielinhalt nicht zu erreichen wäre. Und diese Richtung wird auf sein räumliches Vermögen übertragen, dem das lineare Verstehen in der ersten Dimension gegeben ist. Kurzum: Die linke Hemisphäre ist an das eindimensional-zukünftige Verstehen gebunden, ist nur diesem raum-zeitlichen Vermögen unterworfen – und keinem anderen.

Wie angekündigt, wollen wir nun den raum-zeitlichen Anteil erörtern, den die rechte Hemisphäre zum Erkennen beiträgt. Dazu berufen wir uns auf Roger W. Sperry (55), der erstmals erkannte, dass „Split-Brain-Patienten" hinsichtlich ihrer linken Hemisphäre weiterhin verbal reagierten. Dagegen waren ihre Reaktionen im Bereich

and displayed a considerable superiority in the visual region. The result would be: along with thought, Descartes' visual comprehension is also related herein.

This enables us to allocate comprehension of the past to the right cerebral hemisphere. But what significance does visual comprehension have for the past? To answer this one can say: an image is the likeness of things and events that reproduce the excerpt of a reality, which relates to a previous event and stores the past within itself as a likeness. This is also valid for visual comprehension, whether it is a likeness of the outer or inner world that is recalled from memory.

That such a likeness pertains to the second dimension is shown by a painting. A painting may catch the present moment of an event as a perspectival elevation, transporting it into the past, but no matter how skilful and faithful a rendition of reality it is, it can only ever simulate space. It perpetually remains attached to the surface. The contribution of the right cerebral hemisphere illuminates in two-dimensional-past comprehension, which moves two-dimensionally towards the space without filling it. Thus, this hemisphere is characterised by non-verbal speech, which borrows its energy from the likeness of the past and speaks to us two-dimensionally integrally.

That leaves the limbic system and its contribution to spatial-temporal cognition. Here we refer to Walter Rudolf

der rechten Hemisphäre von nonverbaler Natur, um im bildhaften Bereich eine große Überlegenheit aufzuweisen. Das Ergebnis wäre: Neben dem Denken erhält das bildhafte Verstehen des Descartes seine örtliche Zuordnung.

Was uns dazu befähigt, der rechten Hemisphäre das Verstehen der Vergangenheit zuzuordnen. Dies stellt die Frage: Welche Beziehung hat das bildhafte Verstehen zur Vergangenheit? Hierauf dient zur Antwort: Ein Bild ist das Abbild von Dingen und Ereignissen, die jenen Ausschnitt einer Wirklichkeit wiedergeben, der auf ein gewesenes Ereignis sich bezieht und die Vergangenheit als Abbild in sich bewahrt. Und dies gilt auch für das bildhafte Verstehen. Sei es, dass es sich hierbei um ein Abbild der Außenwelt handelt oder der Innenwelt, das aus der Erinnerung zurückgerufen wird.

Und dass wir es bei einem solchen Abbild mit der zweiten Dimension zu tun haben, dies zeigt sich an einem Gemälde. Zwar vermag ein Gemälde den gegenwärtigen Augenblick eines Geschehens in perspektivischer Überhöhung aufzugreifen und in die Vergangenheit zu überführen. Doch eine noch so wirklichkeitsgetreue Wiedergabe kann den Raum bei aller Kunstfertigkeit nur vortäuschen. Immer bleibt das Bild an die Fläche gebunden. Was also die rechte Hemisphäre angeht, so erhellt sich ihr Anteil im zweidimensional-vergangenen Verstehen, das sich flächig zum Raum hin bewegt, ohne den Raum schon auszufüllen. Damit ist dieser Hemisphäre eine nonverbale Sprache eigen, die aus dem Abbild der Vergangenheit ihre Kraft entlehnt und flächig-ganzheitlich zu uns spricht.

Bleibt das limbische System übrig und sein Anteil am raum-zeitlichen Erkennen. Dazu berufen wir uns auf

Hess (30), who first identified the limbic system as the locus of emotion. The result would be: along with thought and visual comprehension, Descartes' emotional comprehension is locally classified.

This allows us to attribute comprehension of the present to the limbic system. But what relation does emotional comprehension have to the present? The answer: emotion only exists in the Here and Now. And, since emotion is fundamentally linked to the individual, this implies a mutual interdependence so that neither the individual nor his/her emotions can be transferable. In short: emotion shows itself plainly in individual expression and expresses itself in the present moment.

Individual impression stands in opposition to this expression. Only here do we comprehend the moment that we call present. We are not aware that any emotion could exist within the Not-Yet or the No-More, which could have effect without any relation to reality in the future or the past. Love or hate, happiness or sadness are, if they are, only in the given Now, for which the immediate reality is its precondition. Our emotions have no access whatsoever to the has-been or the will-be.

Still, emotion is not completely isolated. It has the past image and future thought at its side. Thus, it once again moves towards either the one-dimensional-future or the two-dimensional-past, depending on which impressions reality has in store or we demand of it. Hence, emotion

Walter Rudolf Hess (30), der das limbische System als Ort des Gefühls erstmals ausmachen konnte. Das Ergebnis wäre: Neben dem Denken und bildhaften Verstehen erhält das fühlende Verstehen des Descartes seine örtliche Zuordnung.
Was uns dazu befähigt, dem limbischen System das Verstehen der Gegenwart zuzuordnen. Dies stellt die Frage: Welche Beziehung hat das fühlende Verstehen zur Gegenwart? Hierauf dient zur Antwort: Das Gefühl hat ausschließlich im Hier und Jetzt Bestand. Und weil das Gefühl grundlegend an das Individuum gebunden ist, bedeutet dies eine gegenseitige Abhängigkeit voneinander, sodass weder das Individuum noch sein Gefühl übertragbar wären. Kurzum: Für alle sichtbar zeigt sich das Gefühl im individuellen Ausdruck und veräußert sich im Augenblick der Gegenwart.
Dieser Veräußerung steht der individuelle Eindruck gegenüber. Denn nur hier verstehen wir jenen Moment, den wir als Gegenwart deuten. Uns ist nicht bekannt, dass irgendein Gefühl im Noch-Nicht oder Nicht-Mehr Bestand haben könnte, um ohne Beziehung zur Wirklichkeit in Zukunft oder Vergangenheit wirksam zu sein. Liebe oder Hass, Glück oder Unglück sind, wenn sie sind, allein im gebenden Jetzt, das die unmittelbare Wirklichkeit zur Bedingung hat. Das vorher Gewesene oder künftig Kommende ist unserem Gefühl völlig unzugänglich.
Dennoch: Das Gefühl ist nicht für sich und allein geblieben. Vielmehr hat es das vergangene Bild an seiner Seite und das zukünftige Denken. So neigt es sich mal mehr dem Eindimensional-Zukünftigen zu und mal mehr dem Zweidimensional-Vergangenen, je nachdem welche Eindrücke

does not allow any determinable predictions but is subject to probability. We know from experience that our emotions are much too indeterminable for them to be transferable into the near or distant future, to be felt again just as they feel Here and Now. In short: emotion reveals itself in an indeterminate, present sense of time.

This sense of time leads to three-dimensional cognition. Because one-dimensional-future thought and two-dimensional-past comprehension collide, the line raises this area in the space in a progressive movement to unite three-dimensional-present in emotion. In this movement, the definition of time and the associated definition of space emerge, the second dimension following the first, and the union of both producing the third dimension.

Only in the unity and division of the three areas of the human brain can cognition reveal itself. And this cognition is spatial-temporal cognition, without following the law of causality, as thought would have us believe. Quantum mechanics (29) proves this. But there is a long way to go until then. First of all the spatial-temporal relation between the brain and elementary matter must be uncovered. Here this is called the natural inner space of time. A graphic representation is given in Figure 3.

die Wirklichkeit für uns bereithält oder wir von ihr abverlangen. Und deshalb lässt das Gefühl auch keine bestimmbaren Vorhersagen zu, sondern unterliegt der Wahrscheinlichkeit. Aus Erfahrung wissen wir: Unser Gefühl ist viel zu ungewiss, als dass es sich in die nähere oder fernere Zukunft übertragen ließe, um dort wieder so angetroffen zu werden, wie dies im Hier und Jetzt fühlbar ist. Kurzum: Das Gefühl entfaltet sich im unbestimmt gegenwärtigen Zeitempfinden.

Und dies Zeitempfinden ist es, das zum raum-zeitlichen Erkennen führt. Denn indem das eindimensional-zukünftige Denken und das zweidimensional-vergangene Bild aufeinandertreffen, hebt die Linie in fortschreitender Bewegung die Fläche in den Raum, um im Gefühl sich dreidimensional-gegenwärtig zu vereinigen. Und in dieser Bewegung zeigt sich die Bestimmung der Zeit und hierauf bezogen die Bestimmung des Raumes, wonach auf die erste Dimension die zweite folgt, um im Zusammenschluss beider die dritte Dimension hervorzubringen.

Nur in der Einheit und Trennung der drei Hirnbereiche kann das raum-zeitliche Erkennen sich entfalten, das in sich unbestimmt ist und nicht dem Kausalgesetz folgt, wie das Denken uns glauben machen will. Dies belegt die Quantenmechanik (29). Doch bis dahin ist es noch ein weiter Weg. Zuvor gilt es, die raum-zeitliche Beziehung von Gehirn und elementarer Materie freizulegen. Was hier der naturgegebene Innenraum der Zeit heißt. Eine graphische Darstellung zeigt Abbildung 3.

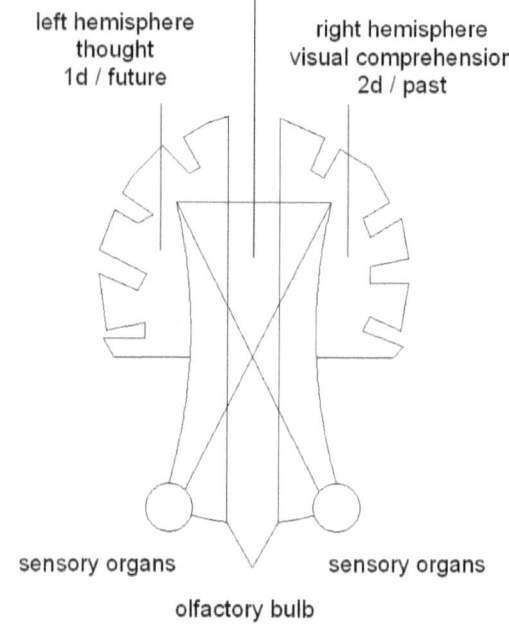

Fig. 3

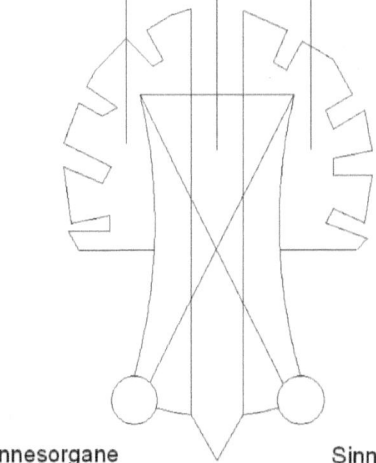

Abb. 3

Structural Generalization of Time

That space and time are given to us as "pure forms of perception", this said Immanuel Kant. If we look to Kant for our relation to the outer world, we meet the "thing as such" (35[1]). Kant concludes that, due to our intuition, we cannot identify the things of the outer world, as space and time do not belong to them. But here an objection is required. The things of the outer world adhere to the same spatial-temporal structure as the human brain. A structural generalization substantiates this.

To understand this, we refer to the structure of the brain. Both the cerebral hemispheres and the limbic system are of relevance here. If we abstract this structure and transpose it into a time structure, the cerebral hemispheres can certainly begin to appear as vaulted segments of the future and the past that enclose the limbic system as the core element of the present. Consequently, future and past would together form an enclosure that, as a spatial structure, demarcates itself from the outside in order to enclose the present within itself. Looking more closely, such a structure cannot apply because it only abstracts the anatomical structure and does not take spatial-temporal cognition into consideration. Therefore, regarding this cognition, only the spatial boundary can apply to the limbic system, only three-dimensional-present cognition can occur here. In short: in the process of abstraction, the limbic system must be emphasised as the decisive element of space, so

Strukturelle Verallgemeinerung der Zeit

Dass Raum und Zeit uns als „reine Formen der Anschauung" gegeben sind, sagte schon Immanuel Kant. Fragen wir bei Kant nach unserer Beziehung zur äußeren Welt, dann begegnet uns das „Ding an sich" (35[1]). Dabei kommt Kant zu dem Schluss, dass wir aufgrund unserer Anschauung die Dinge der äußeren Welt nicht erkennen können, da Raum und Zeit ihnen selbst nicht angehören. Doch hier ist Einspruch vonnöten. Denn die Dinge der äußeren Welt gehorchen derselben raum-zeitlichen Struktur wie das menschliche Gehirn. Dies belegt eine strukturelle Verallgemeinerung.
Um dies zu verstehen, verweisen wir auf das Hirngefüge. Dabei kommt es sowohl auf die Hemisphären an als auch auf das limbische System. Abstrahieren wir dieses Gefüge und überführen es in eine Zeitstruktur, dann könnten sich die Hemisphären durchaus als gewölbte Segmente der Zukunft und Vergangenheit abzeichnen, die das limbische System als Kernelement der Gegenwart umhüllen. Sonach würden Zukunft und Vergangenheit gemeinsam eine Hülle bilden, die sich als räumliches Gebilde nach außen hin abgrenzt, um die Gegenwart in sich einzuschließen. Doch genau besehen kann eine solche Struktur nicht zutreffen, da sie nur das anatomische Gefüge abstrahiert, das raum-zeitliche Erkennen aber unberücksichtigt lässt. Denn bezogen auf dies Erkennen kann dem limbischen System nur die Begrenzung des Raumes zukommen, kann nur hier das dreidimensional-gegenwärtige Erkennen stattfinden. Kurzum: In der Abstraktion muss das limbische

that a spatial-temporal structure can only be represented as contrary to brain anatomy.

This is how it looks: in an inversion process, the limbic system appears as if turned inside-out and forms the vaulted inner space of present cognition, whose relation to outer space is defined by the sensory organs. As both cerebral hemispheres are included in this process, they contract from outside to inside. Seen like this, anatomical structure is reduced to its spatial-temporal cognition. At any rate, thought and visual comprehension are now completely surrounded by emotion which define three-dimensional-present cognition. This describes a time sphere which serves as a structural model. With regard to our announcement to demonstrate temporal structure also independently of the brain, the following image results: time lays claim to the sphere that confines the space of the present with its directionless volume. The structure elements of time, like the one-dimensional element of future and the two-dimensional element of past, are stored in this space. Admittedly, they are not isolated here but are linked to one another, like the corpus callosum, as well as both directly and indirectly linked and cross-linked to the edge of the sphere, just like the course of the olfactory bulb and the other sensations. Here this is called energy lines of time.

Thus, the time sphere, with its spatial-temporal structure elements and energy lines, envelops the natural inner space of time. This regulates the spatial relation of time cognition

System als das bestimmende Element des Raumes hervorgehoben werden, sodass eine raum-zeitliche Struktur sich nur in umgekehrter Weise zur Hirnanatomie darstellen lässt.

Und dies sieht so aus: In einem Umkehrprozess erscheint das limbische System von innen nach außen gestülpt und bildet den gewölbten Innenraum des Erkennens, dessen Gegenwartsbezug zum Außenraum die Sinnesorgane übernehmen. Da die beiden Hemisphären in diesen Prozess miteinbezogen sind, schrumpfen sie von außen nach innen. So besehen ist das anatomische Gefüge auf sein raum-zeitliches Erkennen reduziert. Denken und bildhaftes Verstehen jedenfalls sind jetzt raumgreifend vom Gefühl umgeben, welches das dreidimensional-gegenwärtige Erkennen bestimmt. Was eine Zeitkugel darstellt, die als Strukturmodell herhalten soll. Bezüglich unserer Ankündigung, die Zeitstruktur auch unabhängig vom Gehirn aufzuzeigen, ergibt sich folgendes Bild: Die Zeit beansprucht die Kugel, die mit ihrem richtungslosen Volumen den Raum der Gegenwart begrenzt. Und in diesem Raum sind das eindimensional-zukünftige Verstehen und das zweidimensional-vergangene Verstehen eingelagert. Freilich nicht für sich und allein geblieben, sondern miteinander verknüpft, dem Corpus callosum gemäß, sowie direkt als auch direkt und überkreuz mit der Kugelgrenze, dem Riechkolbenverlauf und Verlauf der übrigen Sinneseindrücke entsprechend. Was hier Kraftlinien der Zeit heißt.

Die Zeitkugel mit ihren raum-zeitlichen Strukturelementen und Kraftlinien erschließt den naturgegebenen Innenraum der Zeit. Was die räumliche Beziehung von Zeiterkennen

and elementary behaviour, within which one-dimensional-future thought is confined. A graphic representation is given in Figure 4.

und elementarem Verhalten regelt. Worin das eindimensional-zukünftige Denken eingebunden ist. Eine graphische Darstellung zeigt Abbildung 4.

Fig. 4

Strukturelle Verallgemeinerung der Zeit 45

Abb. 4

Elementary Time

The question of space and time outside the brain must be asked and lead to a conclusion. But this is easier said than done. Admittedly, since time began, the universe has been asserted as space of time and this idea was enforced by Plato (48) through Newton (41) to Einstein (16).

But where in the universe is the temporal structure to be found? Is time bound to the rotation of the stars, as Plato's Timaios claims? This would only mean that temporal structure could be found in the moving order of the planets. Or should we refer to Newton's absolute time? Must we consider the universe as an endlessly void container so that neither space nor time could demonstrate any ascertainable structure? Or are space and time inseparably bound to matter as Einstein asserts? Is temporal structure therefore revealed in the unity of space, light and emitting source? If so, similarly to light, there would have to be added a before as well as an after, whereas the given Now appears in the flux between before and after.

If we look around questioningly, we come to the realisation: Time is not as unstructured as Newton's Philosophiae claimed. But also Plato's Timaios and Einstein's specific theory of relativity cannot evince the structural features of time. It should merely be demonstrated that none of the previous time theories have taken the spatial classification of time into consideration,

Elementare Zeit

Die Frage nach Raum und Zeit außerhalb des Gehirns soll gestellt werden und auf eine Antwort hinführen. Doch dies ist einfacher gesagt als getan. Zwar wird das Universum seit jeher als Raum der Zeit in Anspruch genommen und ist von Platon (48) über Newton (41) bis Einstein (16) auch so durchdrungen worden.

Aber wo im Universum lässt die Zeitstruktur sich auffinden? Ist die Zeit an den Umlauf der Gestirne gebunden, wie Platon dies seinen Timaios sagen lässt? Was nichts anderes bedeuten würde, als dass die Zeitstruktur in der bewegten Ordnung der Planeten zu suchen wäre. Oder müssen wir uns auf Newtons absolute Zeit berufen? Müssen wir also das Universum als unendlich leeren Behälter ansehen, sodass weder Raum noch Zeit eine bestimmbare Struktur aufzuweisen hätten? Oder sind Raum und Zeit untrennbar an die Materie gebunden, wie Einstein dies fordert? Kommt sonach die Zeitstruktur in der Einheit von Raum, Licht und emittierender Quelle zum Vorschein? Womit dem Licht ebenso ein Vorher zukommen müsste wie ein Nachher, während im Fluss zwischen Vorher und Nachher das gegebene Jetzt erscheint.

Und wenn wir so fragend Umschau halten, dann kommen wir zu der Einsicht: Die Zeit ist nicht so strukturlos, wie Newton dies meinte. Aber auch Platons Timaios und Einsteins spezielle Relativitätstheorie können die Strukturmerkmale der Zeit nicht erfassen. Gezeigt werden sollte lediglich: Alle bisherigen Zeittheorien haben die räumliche Einordnung der Zeit nicht berücksichtigt und können des-

and therefore cannot achieve that to which they claim to aspire.

Because temporal structure is neither to be found in the universal rotation of the stars nor in the unity of space, light and emitting source, but within this source itself. What we mean is the natural phenomenon called atom. Only this model, with its spatial unity of shell (5; 54) and nucleus (51; 9), can reveal the structural features of time. Consequently, time is revealed within the atomic shell as a phenomenon of natural inner space.

To understand this, we will forget hydrogen for one moment and confine ourselves to helium, whose two protons and neutrons we respectively summarise as units, and which we then put into a quiescent state. In this way we can put aside atomic diversity (39) as well as the Pauli principle (43) and the alternation of identity within the nucleus (61). In short: we concentrate on the "atom as such". If we now bring this atom into line with the time sphere, the correspondence between present boundary and electron shell becomes evident. This allows us to conclude that electrons are time particles of the present, while protons and neutrons are assumed to be the nuclear particles of the future and the past.

But in order to understand which modi of time should be attributed to the nuclear particles, we refer to the energy flux between future and present. Therefore the future influences the present, not vice versa. However unusual this order of influence seems, it becomes even more compelling

halb auch nicht das leisten, was sie im Grunde aber anzustreben vorgeben.

Denn die Zeitstruktur ist weder im universellen Umlauf der Gestirne zu finden noch in der Einheit von Raum, Licht und emittierender Quelle, sondern innerhalb dieser Quelle selbst. Gemeint ist jene Naturerscheinung, die Atom heißt. Weil nur das Atom in seiner räumlichen Einheit von Hülle (5; 54) und Kern (51; 9) die Strukturmerkmale der Zeit vorweisen kann. Sonach kommt die Zeit innerhalb der atomaren Hülle als eine Erscheinung des naturgegebenen Innenraums zum Vorschein.

Um dies zu verstehen, lassen wir Wasserstoff zunächst beiseite und beschränken uns auf Helium, dessen Protonen und Neutronen wir jeweils zu einer Einheit zusammenfassen, um es sodann in einen Ruhezustand zu versetzen. Damit können wir sowohl die atomare Vielfalt außen vor lassen (39) als auch das Pauli-Prinzip (43) sowie den Identitätswechsel im Kern (61). Kurzum: Wir konzentrieren uns auf das „Atom an sich". Bringen wir nun dieses Atom mit der Zeitkugel zur Deckung, dann zeigt sich die Übereinstimmung von gegenwärtiger Begrenzung und Elektronenhülle. Was auf die Elektronen als Zeitteilchen der Gegenwart schließen lässt, während im Proton und Neutron die Kernteilchen der Zukunft und Vergangenheit vermutet werden.

Um aber einzusehen, welche Zeitmodi den Kernteilchen zuzuordnen seien, verweisen wir auf den Energiefluss, der zwischen Zukunft und Gegenwart besteht. Denn die Zukunft wirkt auf die Gegenwart ein und nicht umgekehrt. Und so ungewohnt diese Wirkungsrichtung erscheint, umso

if we follow the condition of the future towards its end, one which cannot come to an end because the future can never end itself. This identifies a future-endless energy flux in which the present finds its beginning. It is this energy flux which allows the positive charge of the proton (51) to emerge as the future elementary particle, which has its opposite in the negative charge (36) of the electron as the present elementary particle.

That leaves the neutron (9) for the past, which corresponds well to its neutrally charged burden and which both proton and electron must preserve within themselves, just as future and present are preserved within the likeness of the past.

Outside the brain, time appears within the atomic inner space. Here the neutron preserves the past or the No-More within itself, while the proton provides the un-ended future, or the Not-Yet, so that in the union of both, the given Now can completely assert itself within the electron shell. A graphic representation is given in Figure 5.

zwingender wird sie, wenn wir die Bedingung der Zukunft auf ihren Endpunkt hin verfolgen, der ein nicht zu beendender ist, weil die Zukunft sich niemals selbst beenden kann. Was einen zukünftig-unbeendeten Energiefluss kennzeichnet, aus dem die Gegenwart ihren Anfang hernimmt. Und dieser Energiefluss ist es, der den positiven Ladungsanteil des Protons (51) als Kernteilchen der Zukunft hervortreten lässt, das im negativen Ladungsanteil (36) des gegenwärtigen Elektrons sein Entgegengesetztes findet.

Damit bleibt für das Neutron (9) die Vergangenheit übrig. Was in guter Übereinstimmung mit seiner ladungsneutralen Schwere steht, die Proton und Elektron ebenso in sich aufbewahren muss, wie Zukunft und Gegenwart im Abbild der Vergangenheit aufbewahrt werden.

Außerhalb des Gehirns tritt die Zeit im atomaren Innenraum in die Erscheinung. Dabei bewahrt das Neutron die Vergangenheit in sich oder das Nicht-Mehr, während das Proton die Zukunft unbeendet zur Verfügung stellt oder das Noch-Nicht, damit im Zusammenschluss beider das gegenwärtige Jetzt in der Elektronenhülle raumgreifend sich zeitigen kann. Eine graphische Darstellung zeigt Abbildung 5.

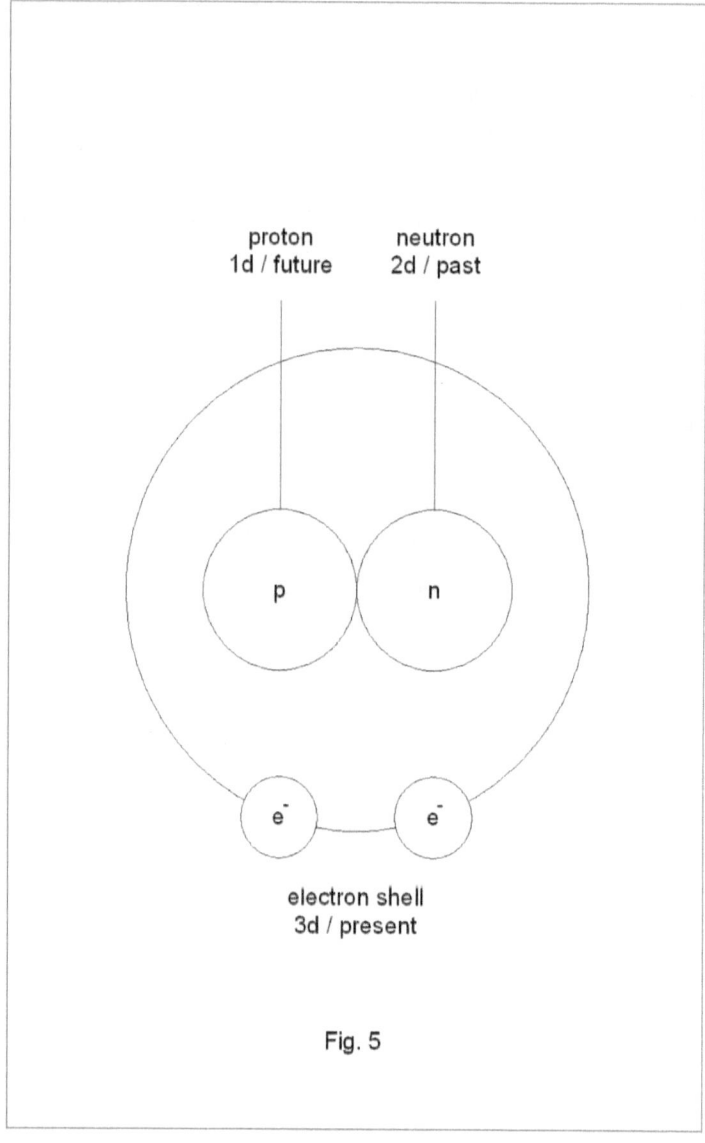

Fig. 5

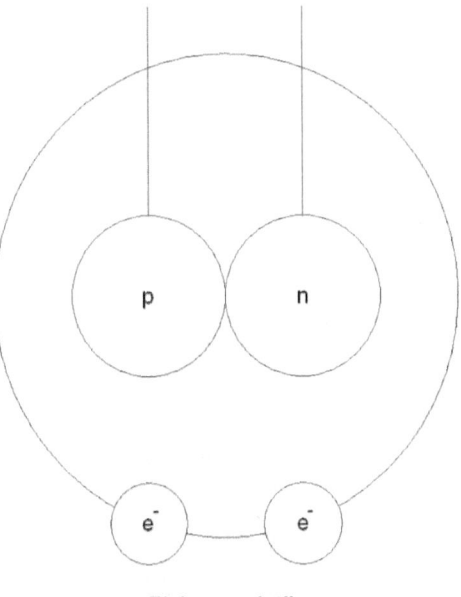

Abb. 5

0-Point of Time

The discussion has, until now, clearly emphasised natural inner space. Here we were able to confine ourselves to the spatial-temporal features of the brain and the atom, even though temporal behaviour seems more complex and the energy line has not yet been bound in. This necessitates the inclusion of the universe. Meanwhile, neither the "standard model" nor the "big-bang" (58) are helpful here. We rather refer to hydrogen which, with its proton, occupies the first place in the periodic system of the elements (39). Since all the subsequent elements possess additional neutrons, a nuclear gradation on hydrogen suggests itself, which leads to the conclusion that this gradation is of a temporal nature. Here, this is called the 0-point of time. With this, the boundary between inner and outer space and access to the fundamental energy of time, without which such tying-in is impossible, are revealed.

To understand this, we would like to suggest a thought experiment and to consider nature in an ideal state in which only hydrogen exists. If we assume that all other elements are contained in its nuclear gradation, it follows this: as the 0-point of time, hydrogen cannot exist alone and it is inconceivable without the universe. This suggests a spatial contrast of inner and outer and emphasises the significance of the boundary.

Admittedly, this boundary never relates to just one space. Although it makes the inner and its expansion clear, it also

0-Punkt der Zeit

Die bisherige Erörterung dürfte den naturgegebenen Innenraum deutlich hervorgehoben haben. Dabei konnten wir uns auf die raum-zeitliche Kennzeichnung von Gehirn und Atom beschränken. Wenngleich das Zeitverhalten komplexer erscheint und die Einbindung der Kraftlinien noch aussteht. Was die Einbeziehung des Universums verlangt. Indes, dabei kann weder das „Standardmodell" noch die „Urknall-Theorie" (58) dienlich sein. Vielmehr verweisen wir auf Wasserstoff, das mit seinem Proton die erste Stufe im periodischen System der Elemente einnimmt (39). Denn weil alle folgenden Elemente zusätzlich Neutronen besitzen, kündigt sich eine Kernabstufung auf Wasserstoff an, die darauf schließen lässt: Diese Abstufung ist von zeitlicher Natur. Was hier 0-Punkt der Zeit heißt. Womit die Grenze zwischen Innenraum und Außenraum freigelegt wird und der Zugang zur Basiskraft der Zeit, ohne die eine solche Einbindung unmöglich ist.

Um dies zu verstehen, wollen wir ein Gedankenexperiment vorschlagen und die Natur in einen Idealzustand versetzen, in der nur noch Wasserstoff existiert. Gehen wir nämlich davon aus, dass in seiner Kernabstufung alle übrigen Elemente enthalten sind, dann zeigt sich schon: Als 0-Punkt der Zeit kann Wasserstoff nicht allein existieren, ist ohne Universum nicht vorstellbar. Was einen räumlichen Gegensatz von innen und außen kennzeichnet und die Bedeutung der Grenze hervorhebt.

Freilich bezieht sich diese Grenze niemals nur auf einen Raum. Wenngleich sie das Innere in seiner Ausdehnung deut-

suggests the expansion of the outer. And, since elementary space reveals itself in its present, a universal definition of time can be derived from it. However, not in the sense that the universe must limit itself in the present but rather from the common boundary to the present, it follows that the boundless present must be particular to the universe. Therefore, even if the outer expresses its presentness at the common boundary, as a condition of the inner, no boundary is imposed on it.

Although elementary space presupposes universal space, and both are characterised by their common boundary, this boundary can nevertheless be dissolved. Going one step further to suppose that even hydrogen no longer exists, this by no means necessarily signifies a universal dissolution of space but rather that this space cannot be deprived of its existence. However, if we do not agree with this, we instead limit our assumption and say: space now acquires a new quality. For not just hydrogen has lost its boundary, so has the universe. From this we conclude: the universe and hydrogen must go over into a third which can demonstrate its existence below both. This third must remain invisible and exist perpetually, for neither hydrogen nor the universe could otherwise exist. Here, this is called bounded-unbounded expansion, which has to exist in present-perpetuity.

This expansion can be seen as the absolute that gains relevance through its contradiction. For what else is such

lich macht, kennzeichnet sie auch die Ausdehnung des Äußeren. Und weil der elementare Raum in seiner Gegenwärtigkeit sich offenbart, kann hieraus die universelle Zeitbestimmung hergeleitet werden. Allerdings nicht in dem Sinne, als ob das Universum sich gegenwärtig begrenzen müsste. Vielmehr folgt aus der gemeinsamen Grenze zur Gegenwart: Dem Universum muss die unbegrenzte Gegenwart eigen sein. Denn auch dann, wenn das Äußere als Bedingung des Innern seine Gegenwärtigkeit an der gemeinsamen Grenze zum Ausdruck bringt, ist ihm selbst keine eigene Grenze gesetzt.

Obwohl der elementare Raum den universellen Raum bedingt und beide an ihrer gemeinsamen Grenze sich kennzeichnen, kann diese Grenze dennoch aufgelöst werden. Gehen wir nämlich einen Schritt weiter und lassen auch Wasserstoff nicht mehr existieren, dann müsste dies mitnichten eine universelle Raumauflösung bedeuten. Vielmehr darf diesem Raum seine Existenz nicht abgesprochen werden. Sollten wir dem aber nicht zustimmen, dann schränken wir unsere Annahme ein und sagen stattdessen: Der Raum erhält nunmehr eine neue Qualität. Denn nicht nur Wasserstoff hat seine Grenze verloren, sondern das Universum ebenso. Woraus folgt: Universum und Wasserstoff müssen in ein Drittes übergehen, das eine Existenz unterhalb beider vorweisen kann. Und dieses Dritte muss unsichtbar bleiben und immerwährend da sein, weil weder Wasserstoff noch Universum sonst existieren könnten. Was hier die begrenzt-unbegrenzte Ausdehnung heißt, die gegenwärtig-immerwährend da sein muss.

Und diese Ausdehnung kann als das Unbedingte gesehen werden, das mit seinem Widerspruch zur Wirkung kommt.

an expansion, other than a contradiction? After all, two mutually opposing characteristics of space come to light which could never possess such simultaneous expansion, but, nevertheless have to be attributed to it. At any rate, an "either-or" is out of the question, because the expansion "either" must be present-bounded so that its expanse can be concretised, "or" it is unbounded. That leaves the perpetual-unbounded which cannot be recognised as space since, robbed of its boundary, this expansion would have to dissolve and vanish.

The familiarisation with outer space may have become somewhat conceptual. For this reason we would like to insert a parallel from physics. Paul Maurice Adrian Dirac has put forward a convincing theory on this subject, namely, his sea of extraordinary electrons (13; 14) which, in the mass of its negative energy, is just as invisible yet it must exist. This embodies a contradiction, just as a present-bounded perpetual-unbounded expansion demands.

Now it becomes clear why we refer to hydrogen but neglect the "standard model" and "big bang". While for both a "space as such" must suffice, lacking any kind of boundary, the spatial opposites of universe and hydrogen lead to just such a boundary. This puts an end to the unrelated juxtaposition of macro- and microcosm, allowing them to merge. But this would not remain without any consequences for the universe. For then, microwave background

Denn was ist eine solche Ausdehnung anderes als ein Widerspruch? Kommen doch zwei einander entgegengesetzte Eigenschaften des Raumes zum Vorschein, die einer solchen Ausdehnung zugleich niemals innewohnen können, ihr gleichwohl aber zugestanden werden müssen. Ein „Entweder-oder" jedenfalls ist ausgeschlossen. Denn „entweder" muss diese Ausdehnung gegenwärtig-begrenzt sein, damit ihre Räumlichkeit erst fassbar wird, „oder" ihr ist keine Grenze gesetzt. Dann bleibt nur das Immerwährend-Unbegrenzte übrig, das als Raum nicht anerkannt werden kann. Weil ihrer Grenze beraubt, diese Ausdehnung sich selbst auflösen und verflüchtigen müsste.

Nun könnte die Annäherung an den Außenraum allzu begrifflich geraten sein. Deshalb wollen wir eine physikalische Entsprechung nachtragen. Dazu hat Paul Maurice Adrian Dirac eine überzeugende Theorie zur Verfügung gestellt. Gemeint ist sein Ozean außerordentlicher Elektronen (13; 14), der in der Masse seiner negativen Energie ebenso unsichtbar ist, aber dennoch da sein muss. Was einen Widerspruch in sich enthält, ganz so wie eine gegenwärtig-begrenzte, immerwährend-unbegrenzte Ausdehnung dies verlangt.

Hier wird deutlich, warum wir uns auf Wasserstoff berufen, das „Standardmodell" und die „Urknall-Theorie" aber beiseitelassen. Während sich nämlich beide mit einem „Raum an sich" begnügen müssen, der jegliche Grenze vermissen lässt, führt der räumliche Gegensatz von Universum und Wasserstoff zu einer solchen Grenze. Was das beziehungslose Nebeneinander von Makro- und Mikrokosmos beendet und ihr Ineinanderübergehen eröffnet. Und dies

radiation (46) could no longer be considered as radiation from the early universe (45), which should presumably expand out of its singularity and into nothingness. This radiation should rather be considered a boundary to expansion, which takes effect if we want to penetrate through to this edge, but which shows its unboundedness if we try to define this edge. The redshift behaviour (26) is as with microwave background radiation. In this respect the redshift and microwave background radiation evidences an invisible and self-contradictory expansion that exists beneath the material world. In physics this is called the Dirac Sea, which offers some information regarding the fundamental energy of time. A graphic representation is given in Figure 6.

würde für das Universum nicht folgenlos bleiben. Denn dann kann die Mikrowellen-Hintergrundstrahlung (46) eben nicht mehr als Hintergrundrauschen eines frühen Universums (45) gewertet werden, das aus der Singularität heraus sich ins Nichts hinein ausdehnen soll. Vielmehr ist diese Strahlung als Begrenzung einer Ausdehnung zu werten, die zur Wirkung kommt, wenn wir zu diesem Rand hin vordringen wollen, die aber in ihrer Unbegrenztheit sich zeigt, wenn wir diesen Rand festzuschreiben versuchen. Und wie mit der Hintergrundstrahlung verhält es sich mit der Rotverschiebung (26). Insofern belegen Hintergrundstrahlung und Rotverschiebung eine unsichtbare und in sich widersprüchliche Ausdehnung, die unterhalb der materiellen Welt existiert. Was physikalisch diracscher Ozean heißt, der Aufschluss gibt über die Basiskraft der Zeit. Eine graphische Darstellung zeigt Abbildung 6.

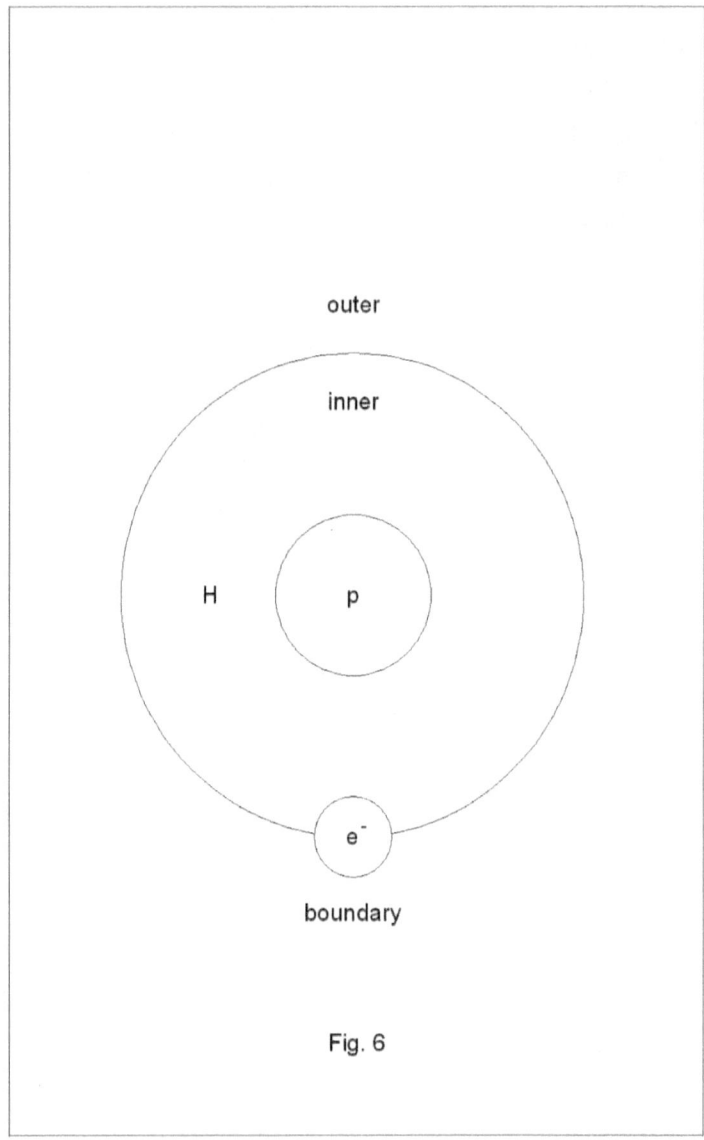

Fig. 6

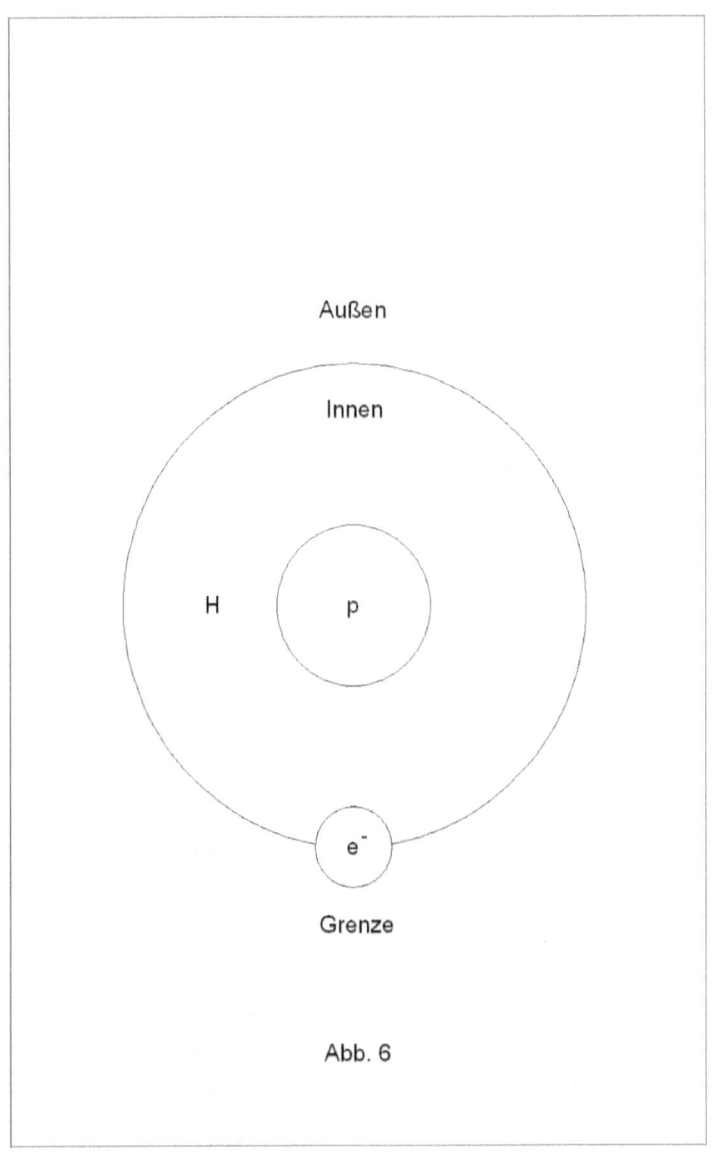

Abb. 6

Fundamental Energy of Time

That the Dirac Sea behaves in a self-contradictory manner was suggested by the redshift and background radiation. The same will apply to the fundamental energy of time. Thus, the contradiction will emerge as the driving force.

Here at last, some words should be added regarding the contradiction. When we talk about contradiction, we always mean a dialectical and never a logical contradiction. On the one hand we have to keep the logical contradiction out of the cognition process, while on the other we have to take the dialectical contradiction into consideration. So the question is: to what extent does logic tolerate dialectic? To put it as briefly as possible: logic can be detected in one-dimensional-future thought, dialectic in spatial-temporal cognition. Admittedly, this is an awkward affair. That thought refers to logic and has to endeavour to reach a non-contradictory result is clear. But this must not lead to making logic an absolute that dictates our understanding of time and allocates dialectic to logical contradiction, meaning we would have to renounce it. For renouncing contradiction would mean renouncing the principle of movement.

In this case we cite Georg Wilhelm Friedrich Hegel, who described the contradiction as "the root of all movement and liveliness" (27[1]). And when Hegel says the contradiction itself "is in general that which includes the one and its

Basiskraft der Zeit

Dass sich der diracsche Ozean in sich selbst widersprüchlich verhält, dies hat sich mit der Hintergrundstrahlung angekündigt. Und mit der Basiskraft der Zeit wird es dasselbe sein. Hier wird sich der Widerspruch als die treibende Kraft erweisen.
Spätestens an dieser Stelle gehört es sich, ein Wort zum Widerspruch nachzutragen. Wenn wir vom Widerspruch reden, ist immer der dialektische Widerspruch gemeint und niemals der logische. Einerseits haben wir den logischen Widerspruch aus dem Erkenntnisprozess fernzuhalten, andererseits müssen wir den dialektischen Widerspruch miteinbeziehen. Die Frage ist also: Wie verträgt sich die Logik mit der Dialektik? Aufs Kürzeste gesagt: Die Logik ist im eindimensional-zukünftigen Denken auszumachen, wohingegen die Dialektik im raum-zeitlichen Erkennen anzutreffen ist. Zugegeben, eine fatale Angelegenheit. Dass sich das Denken auf die Logik beruft und um eine widerspruchsfreie Erkenntnis bemüht sein muss, darüber herrscht Einverständnis. Doch darf dies nicht zu einer Verabsolutierung der Logik verleiten, die das Zeitverständnis prägt und die Dialektik dem logischen Widerspruch übereignet, sodass wir deshalb darauf verzichten müssen. Denn auf den Widerspruch verzichten heißt, auf das Prinzip der Bewegung verzichten.
Hierzu berufen wir uns auf Georg Wilhelm Friedrich Hegel, der den Widerspruch darlegt als „die Wurzel aller Bewegung und Lebendigkeit" (27[1]). Und wenn Hegel sagt, der Widerspruch selbst sei „dasjenige, welches das Eine

other, itself and its opposite" (28), this can be considered a reference to the Dirac Sea, which is simultaneously an electron boundary and a positron hole (13; 14). Here we have identified the contradiction marked out as the very driving force within the extraordinary electron that reveals itself as the proton structure. This is where the fundamental energy is located.

To understand this, it must be stated that this one contradiction is not the end of the matter, as a thought experiment will show. If we focus on any one of the extraordinary electrons and simply remove the electron boundary, the positron hole is by no means eliminated. It is rather the case that this hole goes over into a spatial expansion which may be unbounded, but which contains a boundary nevertheless. In other words: in the unity of the extraordinary electron, the contradiction not only gains relevance in the incompatible opposites of electron boundary and positron hole but also within the positron hole itself. This suggests a vertical compression. Thus, in the internal conflict of being simultaneously bounded and unbounded, the positron hole must exert pressure on the boundary within itself, which can only respond with counter-pressure. This is evidenced in the positron's boundary.

Of course this does not mean that the contradiction is lifted and the positron has entered an inert state. Because even if the bounded is fixed within the positron, its unbounded remains, according to the Pauli principle (43), reveals itself as the second of the extraordinary electrons, which hap-

und sein Anderes, sich und sein Entgegengesetztes in sich selbst enthält" (28), dann kann dies als Hinweis auf den diracschen Ozean gewertet werden, der Elektronengrenze ist und Positronenloch zugleich (13; 14). Damit haben wir den Widerspruch hervorgehoben, der im außerordentlichen Elektron als jene treibende Kraft sich kennzeichnet, die als Protonenstruktur in die Erscheinung tritt. Worin die Basiskraft eingespannt ist.

Um dies zu verstehen, sei gesagt: Mit dem einen Widerspruch ist es nicht abgetan, wie ein Gedankenexperiment darlegen soll. Konzentrieren wir uns nämlich auf ein x-beliebiges der außerordentlichen Elektronen und lösen die Elektronengrenze einfach auf, dann ist damit das Positronenloch mitnichten aufgelöst. Vielmehr geht dieses Loch in eine raumhafte Ausdehnung über, die zwar unbegrenzt ist, aber dennoch eine Grenze enthält. Anders gesagt: In der Einheit des außerordentlichen Elektrons kommt der Widerspruch nicht nur im unvereinbaren Gegensatz von Elektronengrenze und Positronenloch zur Wirkung, sondern auch innerhalb des Positronenlochs selbst. Womit sich eine vertikale Kompression andeutet. Daraus folgt: Im Widerstreit mit sich selbst, begrenzt zu sein und unbegrenzt zugleich, muss das Positronenloch Druck auf seine ihm innewohnende Grenze ausüben, die nur mit Gegendruck antworten kann. Was in der Begrenzung des Positrons zum Vorschein kommt.

Freilich ist damit nicht gesagt, dass der Widerspruch sich aufgehoben hätte und das Positron in einen Zustand der Ruhe übergehen würde. Denn selbst dann, wenn das Begrenzte im Positron gebunden ist, muss sein Unbegrenztes übrig bleiben. Was dem Pauli-Prinzip (43) entspricht und als ein

pens to be assigned to the One as its Other. Thus, within the Dirac Sea a mutually opposing and self-contradictory particle structure, with the positron as the bounded and the electron-positron hole as the bounded within the unbounded and the unbounded itself, takes effect.

Now we may assert: here we mean the preconditions for the desired fundamental energy. This could, but need not, be rejected. After all, we are dealing with the vertical compression of dialectical contradiction and, within this contradiction, with the principle of the negation of negation (27^2). If we follow this principle and observe the series of conditions (22), the electron-positron hole should turn into a myon/anti-myon pair in the first step of negation and in the second into a neutral pion. On the whole, this corresponds to a positron, u-quark, anti-u-quark structure, which must produce a third. Therefore, in the irreconcilable conflict with itself to be simultaneously bounded and unbounded, the anti-u-quark must experience a pressure inversion, drawing along the positron. This produces the u-quark, u-quark, d-quark structure of a proton. In short: we should not understand the proton to be a decaying elementary particle (23), as the "Unity of all elementary-particle forces" demands, but as the constitutive elementary particle of nature.

The contradiction is located within the proton, to be irreconcilably effective as the vertical driving force. If we now

zweites der außerordentlichen Elektronen zum Vorschein kommt, das dem Einen als sein Anderes nun mal beigegeben ist. Woraus folgt: Innerhalb des diracschen Ozeans kommt mit dem Positron als dem Begrenzten und dem Elektron-Positronenloch als dem Begrenzten im Unbegrenzten und dem Unbegrenzten selbst eine einander entgegengesetzte und in sich widersprüchliche Teilchenstruktur zur Wirkung.

Nun könnten wir behaupten: Hierbei handelt es sich um die Voraussetzung der angestrebten Basiskraft. Was abzulehnen wäre, aber nicht abgelehnt werden muss. Immerhin haben wir es mit der vertikalen Kompression des dialektischen Widerspruchs zu tun und innerhalb dieses Widerspruchs mit dem Grundsatz von der Negation der Negation (27^2). Folgen wir nämlich diesem Grundsatz und beachten die Reihe der Bedingungen (22), dann muss auf der ersten Stufe der Negation das Elektron-Positronenloch in ein Myon, Anti-Myon-Paar übergehen und auf der zweiten Stufe in ein neutrales Pion. Was insgesamt einer Positron, u-Quark, Anti-u-Quark Struktur entspricht, die ein Drittes hervorbringen muss. Denn im unauflösbaren Widerstreit mit sich selbst, begrenzt zu sein und unbegrenzt zugleich, muss das Anti-u-Quark eine Druckumkehr erfahren und dabei das Positron miteinbeziehen. Was die u-Quark-, u-Quark-, d-Quark Struktur eines Protons besorgt. Kurzum: Im Proton haben wir kein zerfallendes Elementarteilchen (23) zu sehen, wie die „Unity of all elementary-particle forces" dies fordern, sondern das konstituierende Elementarteilchen der Natur.

Innerhalb des Protons ist der Widerspruch eingespannt, um als vertikal treibende Kraft unauflösbar wirksam zu sein.

consider that a photon always participates in this process, the contradiction then emerges as electrical energy. This is characterised as split light, just as demanded by quantum chromodynamics (QCD). Here we refer to the "ultraviolet behaviour of non-Abelian gauge theories" (25) as well as to the particle theory of light (16). In other words: in the state of "asymptotic freedom", the photon approaches particle character, while its wave nature becomes apparent under the opposite conditions. This is called the fundamental energy of time. As this energy constantly aims at its boundary, without ever being able to limit itself, the proton must rise up as a time-particle of future, thereby pulling the electron with it, whose boundary we had dissolved and which we must now reinsert. Here a photon must also participate. Only in this way can hydrogen show itself as the 0-point of time.

We are aware that this derivation lacks any mathematical or experimental validation. Of course, this is not our task. We are primarily concerned with the spatial classification of time and with the principle of the boundary so that such validation can take place at all. This demands a self-contradictory expansion of negative energy. If we agree with this – and we have no other choice – not only the fundamental energy of time can be vertically derived from it but also, horizontally, gravitation.

Of course a re-evaluation of the proof of the existence of ether (40) is also required as a re-evaluation of the general

Berücksichtigen wir nun noch, dass dabei auch immer ein Photon beteiligt sein muss, dann kommt der Widerspruch als elektrische Kraft zu Vorschein, die hier als aufgespaltetes Licht sich kennzeichnet, ganz so wie die QCD dies fordert. Gemeint ist das Verbot freier, nicht in Hadronen gebundene Quarks (25) sowie die Korpuskulartheorie des Lichts (16). Anders gesagt: Im Zustand asymptotischer Freiheit nähert sich das Photon dem Teilchencharakter, während entgegengesetzt dazu seine Welleneigenschaft sich andeutet. Was hier die Basiskraft der Zeit heißt. Und weil diese Kraft immerzu auf ihr Begrenztes hinzielt, ohne sich jemals begrenzen zu können, muss das Proton als Zeitteilchen der Zukunft emporsteigen und dabei das Elektron mit sich nehmen, dessen Grenze wir zwar aufgelöst hatten, die wir nunmehr aber wieder einfügen müssen. Wobei auch hier ein Photon beteiligt sein muss. Denn nur so kann Wasserstoff als 0-Punkt der Zeit in die Erscheinung treten.

Nun ist uns bewusst, dass diese Herleitung jede mathematische oder experimentelle Absicherung vermissen lässt. Was freilich nicht unsere Aufgabe sein kann. Uns ist es allein um die räumliche Einordnung der Zeit zu tun und um das Prinzip der Grenze, damit eine solche Absicherung überhaupt stattfinden kann. Und dieses Prinzip verlangt eine in sich widersprüchliche Ausdehnung negativer Energie. Stimmen wir dem aber zu – und eine andere Wahl haben wir nicht –, dann lässt sich vertikal hieraus nicht nur die Basiskraft der Zeit herleiten, sondern horizontal dazu auch die Gravitation.

Freilich ist damit eine Neubewertung zum Nachweis des Äthers (40) ebenso erforderlich wie eine Neubewertung der

theory of relativity (18). Therein a rethinking of the string theory (49) is integrated. In other words: with the Dirac Sea, the ether once again enters the discussion. However, now no longer as an essence within space but as the essence of space, which experiences a curvature in the presence of heavy mass.

This is how it looks: one cannot talk of hydrogen rising if this would impose the image of a sea on which hydrogen could float. Hydrogen must be regard as a mass condition of positive energy within a mass condition of negative energy. So consider that hydrogen exerts a displacing energy against which this condition must react with equal force, indeed compressing hydrogen generally and compressing and stretching between its particles – i.e. gravitational field. Consequently, this cannot be a power of attraction. Rather, gravitation must be regarded as the spherical effective energy of a displaced and self-contradictory sea of extraordinary electrons whose broken vertical compression appears as electric energy. Thus, in relation to the electron, the electric energy must penetrate hydrogen, one-dimensionally and in-future unites with the gravitational field here. In this respect, as photon is the electric energy contained within the spatial coordinates of gravitation, but admittedly without being spatial itself. Here this is called electromagnetic field, which takes effect as electromagnetic interaction. Note: this hurts neither Newton's definition (42) nor Maxwell's equations (38) nor the Compton Effect (10).

allgemeinen Relativitätstheorie (18). Worin ein Überdenken der „string theory" (49) einbezogen ist. Anders gesagt: Mit dem diracschen Ozean kehrt gleichsam der Äther in die Diskussion zurück. Jetzt aber nicht mehr als Substanz im Raum, sondern als Substanz des Raumes selbst, der in der Anwesenheit schwerer Masse eine Krümmung erfährt.

Und dies sieht so aus: Von einem Emporsteigen von Wasserstoff kann keine Rede sein, wenn sich damit das Bild eines Ozeans aufdrängen würde, auf dem Wasserstoff schwimmen könnte. Vielmehr ist damit ein Massezustand positiver Energie innerhalb eines Massezustandes negativer Energie gemeint. So besehen wird Wasserstoff eine verdrängende Kraft ausüben, auf die dieser Zustand mit gleicher Kraft zurückwirken muss, und zwar drückend auf Wasserstoff insgesamt und drückend und ziehend zwischen seinen Teilchen. Was Gravitationsfeld heißt. Von einer Anziehungskraft im physischen Sinn kann jedenfalls keine Rede sein. Vielmehr muss die Gravitation als sphärisch wirkende Kraft eines verdrängten und in sich selbst widersprüchlichen Ozeans außerordentlicher Elektronen gewertet werden, dessen vertikale Kompression als elektrische Kraft erscheint. Woraus folgt: Bezogen auf das Elektron muss die elektrische Kraft Wasserstoff durchdringen und hier mit dem Gravitationsfeld eindimensional-zukünftig sich vereinigen. Was als Photon sich kennzeichnet. Insofern ist das Photon in den räumlichen Koordinaten der Gravitation enthalten. Freilich ohne selbst schon räumlich zu sein. Was elektromagnetisches Feld heißt und als elektromagnetische Kraft zur Wirkung kommt. Merke: Dies verletzt weder Newtons Definition (42) noch Maxwells Gleichungen (38) noch den Compton-Effekt (10).

Additionally, while Dirac's Sea exhibits two extraordinary electrons "below", hydrogen must make do with one electron "above". This imposes a horizontal imbalance on the hydrogen. In this respect, the vertical fundamental energy must be complemented by a horizontal imbalance which provides the temporal classification of the energy lines in the space of gravitation. A graphic representation is given in Figure 7.

Und was noch hinzukommt, ist dies: Während der diracsche Ozean sich „unterhalb" von Wasserstoff geschlossen zeigt und zwei Elektronen vorweisen kann, muss Wasserstoff sich „oberhalb" davon mit einem Elektron begnügen. Was Wasserstoff in eine horizontale Unwucht versetzt. Insofern muss zur vertikalen Basiskraft noch eine horizontale Unwucht hinzugegeben werden, welche im Raum der Gravitation die zeitliche Einordnung der Kraftlinien besorgt. Eine graphische Darstellung zeigt Abbildung 7.

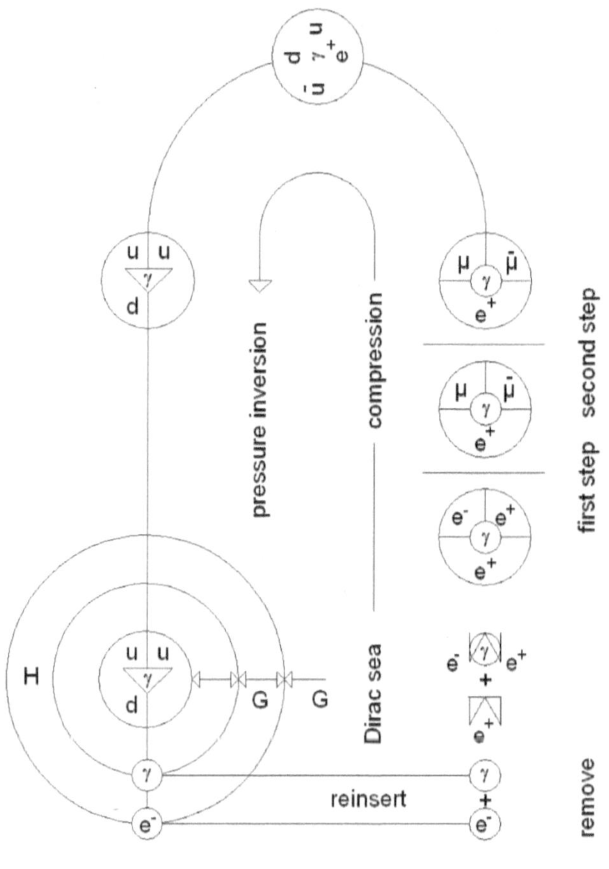

76 Fundamental Energy of Time

Fig. 7

Basiskraft der Zeit 77

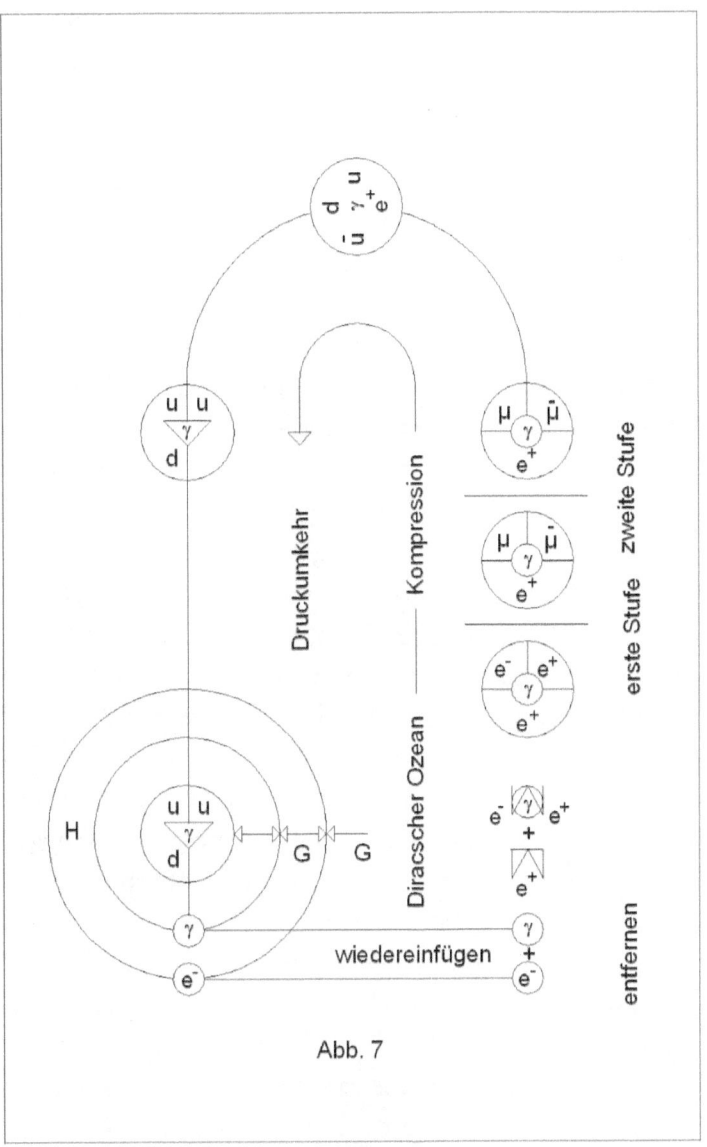

Abb. 7

Energy Lines of Time

Let us take a look at the energy lines of time, which must be identical with the elementary interactions, so that their spatial classification has a basis. Here we refer to the electromagnetic (38), strong (61) and weak interactions (57; 24; 53) where the mass defect must also be considered (17), reflecting the situation for the spatial-temporal classification of all elementary interactions.

To understand this, we refer to the formation of helium, i.e. the fusion process of two hydrogen atoms into deuterium (3). Here physics describes the collision of two naked hydrogen nuclei which fuse into a deuteron, while we include the electron shell. Therefore, if we assume a horizontal imbalance of hydrogen and firstly concentrate on one of the atoms, this atom must spiral into itself and exert a constantly increasing compression. Through this, the electron is compressed into the hydrogen nucleus along the electromagnetic energy line, or into the future-unbounded of the fundamental energy, to collide at some point with a u-quark. The electron becomes a d-quark that must enclose an anti-u-quark within itself. This corresponds to the quark structure of a neutron, which additionally contains a negative pion (62; 22), just as the boundary of time demands. When the present-bounded of the electron is compressed into the future-unbounded fundamental energy, neither can completely fuse into the other. This prevents the boundary within the unbounded. Instead, the bounded will remain and deposit only the present in the future, like an electric

Kraftlinien der Zeit

Befassen wir uns nun mit den Kraftlinien der Zeit, die mit den elementaren Wechselwirkungen identisch sein müssen, damit ihre räumliche Einordnung Bestand haben kann. Gemeint sind hiermit die elektromagnetische (38), starke (62) und schwache Wechselwirkung (57; 24; 53). Wozu der Massendefekt noch hinzugegeben werden muss (17). Was die raum-zeitliche Vereinheitlichung aller elementaren Wechselwirkungen zum Inhalt hat.
Um dies zu verstehen, verweisen wir auf die Heliumentstehung. Gemeint ist der Fusionsprozess von zwei Wasserstoffatomen zu Deuterium (3). Dabei spricht die Physik vom Zusammenstoß zweier nackter Wasserstoffkerne, die zum Deuteron verschmelzen, während wir die Elektronenhüllen miteinbeziehen. Gehen wir nämlich von einer horizontalen Unwucht aus und konzentrieren uns zunächst auf ein Wasserstoffatom, dann muss sich dieses Atom spiralförmig in sich selbst verschrauben und eine stetig zunehmende Kompression ausüben. Hierdurch wird das Elektron auf der elektromagnetischen Kraftlinie in den Wasserstoffkern hineingepresst oder in das zukünftig Unbegrenzte der Basiskraft, um irgendwann einmal auf ein u-Quark zu stoßen. Womit das Elektron in ein d-Quark übergeht, das ein Anti-u-Quark in sich einschließen muss. Was der Quark-Struktur eines Neutrons entspricht, dem ein negatives Pion (62; 22) zusätzlich innewohnt, ganz so wie die Begrenzung der Zeit dies verlangt. Denn wenn das gegenwärtig Begrenzte des Elektrons in das zukünftig Unbegrenzte der Basiskraft hineingepresst wird, dann

deposition. This is characterised as the burden of the past, which takes effect on the energy line between past and present, in accordance with the mass defect (17). Here this is called (electro-)mass defect.

Of course the present-bounded cannot remain and persist in stasis. It will rather take the electric deposition with it and continue to aim for the future-unbounded: i.e. the second of the hydrogen atoms makes its electron available to the present and its proton to the future, in order to enter into a strong interaction with its fundamental energy of time. This corresponds to the interacting pion (62; 22) which provides a continuous alternation of identity between the elementary future and the past, thus demonstrating the strong interaction to be an (electro-) strong interaction.

The weak interaction is integrated into this. Therefore, if the electron is compressed into the hydrogen nucleus, a photon must also be involved. Of course, not in the sense that the photon and electron could deposit themselves in the past without a trace, but rather that each will leave its impression, which reveals itself as positron and neutrino (22; 41). In this sense, we should find the opposite of the present in the emitted positron and the opposite of the photon in the neutrino, which is now assigned to light as darkness. Darkness, then, which we perceive at night or in shadow, would not just exist "as such", but derives from

können beide nicht vollständig ineinander übergehen. Dies verhindert die Grenze im Unbegrenzten. Vielmehr wird das Begrenzte übrig bleiben und allein die Gegenwart in der Zukunft sich ablagern, einer elektrischen Ablagerung gemäß. Womit die Vergangenheit als Schwere sich kennzeichnet, die auf der Kraftlinie zwischen Vergangenheit und Gegenwart zur Wirkung kommt, dem Massendefekt (17) entsprechend. Was hier (Elektro-)Massendefekt heißt.
Freilich kann das gegenwärtig Begrenzte nicht übrig bleiben und in einem Zustand der Ruhe verharren. Vielmehr wird es die elektrische Ablagerung mit sich nehmen und weiterhin auf das zukünftig Unbegrenzte hinzielen. Gemeint ist das zweite der Wasserstoffatome, das sein Elektron der Gegenwart zur Verfügung stellt, um mit der Basiskraft seines Protons in eine elektrische Wechselwirkung einzutreten. Was einem wechselwirkenden Pion (62; 22) entspricht, das einen stetigen Identitätswechsel zwischen elementarer Zukunft und Vergangenheit besorgt und die starke Wechselwirkung als (elektro-)starke Wechselwirkung ausweist.
Und hierin ist die schwache Wechselwirkung einbezogen. Denn wenn das Elektron in den Wasserstoffkern hineingepresst wird, dann muss daran auch ein Photon beteiligt sein. Freilich nicht in dem Sinne als ob Photon und Elektron spurlos in der Vergangenheit sich ablagern könnten. Vielmehr werden beide ihren Abdruck hinterlassen, der als Positron und Neutrino (21; 44) zum Vorschein kommt. Insofern hätten wir im emittierten Positron das Entgegengesetzte der Gegenwart zu sehen und im Neutrino das Entgegengesetzte des Photons, das als Dunkelheit dem Licht nunmehr beigegeben ist. Die Dunkelheit also, deren Dasein

the impression of the fundamental energy. This impression displays the very energy line of time with which the weak interaction coincides. Here this is called (electro-)weak interaction.

If we transpose the aforementioned onto the "atom as such", the following image emerges: within gravitation, the (electro-)strong interaction is caught between the proton of future and the neutron of past, like the corpus callosum, while the (electro-)mass defect takes effect between the neutron of past and the electron of present, and last but not least the (electro-)magnetic interaction between the proton of future and the electron of present. Consequently, via the energy lines, two electrons in the shell are each connected with protons and neutrons in the nucleus as well as with the direct and cross-linked course of the sensory impressions. Thus, in favour of the darkness, a direct energy line between past and present remains for the (electro-)weak interaction. This corresponds to a uniform description of all elementary interactions.

We have no doubt that this image refers to the time sphere with its time particles. Because if we break off the atomic stasis and convert the "atom as such" into a "decaying atom as such", not only does the continual alternation of nuclear identity stop, so that protons and neutrons can emerge independently as elementary particles of future and past, but rather, with the beta decay, the (electro-)weak interac-

wir in der Nacht wahrnehmen oder im Schatten, wäre nicht einfach „an sich" in der Welt, sondern aus dem Abdruck der Basiskraft herzuleiten. Und dieser Abdruck zeigt jene Kraftlinie der Zeit, die mit der schwachen Wechselwirkung zusammenfällt. Was hier (elektro-)schwache Wechselwirkung heißt.

Übertragen wir das bisher Gesagte auf das „Atom an sich", dann zeigt sich folgendes Bild: Innerhalb der Gravitation ist die (elektro-)starke Wechselwirkung zwischen dem Proton der Zukunft und dem Neutron der Vergangenheit aufgespannt, dem Corpus callosum analog, während der (Elektro-)Massendefekt zwischen dem Neutron der Vergangenheit und dem Elektron der Gegenwart zur Wirkung kommt, und zuletzt, aber nicht als Letztes die elektromagnetische Wechselwirkung zwischen dem Proton der Zukunft und dem Elektron der Gegenwart. Über die Kraftlinien der Zeit sind sonach zwei Elektronen in der Hülle jeweils mit den Protonen und Neutronen im Kern verbunden, einem direkten und sich überkreuzenden Verlauf der Sinneseindrücke gemäß. Womit für die Dunkelheit die (elektro-)schwache Wechselwirkung zwischen Vergangenheit und Gegenwart übrig bleibt. Was einer einheitlichen Beschreibung aller elementaren Wechselwirkungen entspricht.

Dass es sich bei diesem Bild um die Zeitkugel mit ihren Zeitteilchen und Kraftlinien handelt, steht außer Frage. Lösen wir nämlich den atomaren Ruhezustand wieder auf und überführen das „Atom an sich" in ein „zerfallendes Atom an sich", dann stoppt nicht nur der stetige Wechsel der Kernidentität, sodass Protonen und Neutronen als Elementarteilchen der Zukunft und Vergangenheit unvermischt

tion again takes effect. Here, of course, the return of a photon is lacking, which now proves the irreversibility of time in the anti-neutrino. Thus, in the irreversibility of time, future is directly linked with present. This corresponds to the course of the olfactory bulb and is to be added as decay line. A graphic representation is given in Figure 3.

But that is not the end of the matter. Beyond this, the (electro-)weak interaction could be considered a bridge linking elementary and vital nature, i.e. the cell with its DNA and RNA (52). If we consider both the proton and RNA as energy sources of future, then we also find this interaction within the cell on which the DNA (56) appears as carrier of the past, which makes the identity stored within itself available to natural phenomena. This gives an answer to the analogy of parity violation (37; 60) and laevorotatory protein molecule (34). In this respect we should see an (electro-)weak process in vital nature, for which nature varies its never-changing theme. This theme is called time, which does not only appear as elementary matter but similarly also as cell and human brain. A graphic representation is given in Figure 8.

hervortreten können. Vielmehr kommt mit dem Betazerfall die (elektro-)schwache Kraft erneut zur Wirkung. Was freilich die Wiederkehr eines Photons vermissen lässt, das im rechtshändigen Antineutrino nunmehr die Unumkehrbarkeit der Zeit belegt. Womit in der Unumkehrbarkeit der Zeit die Zukunft mit der Gegenwart direkt verbunden ist. Dies entspricht dem Riechkolbenverlauf und ist als Zerfallslinie nachzutragen. Eine graphische Darstellung zeigt Abbildung 3.

Aber damit ist es nicht abgetan. Denn darüber hinaus könnte die (elektro-)schwache Wechselwirkung als Brückenschlag zwischen elementarer und belebter Natur gewertet werden. Gemeint ist hier die Zelle mit ihrer DNA und RNA (52). Bewerten wir nämlich Proton und RNA als äquivalent und sonach als Energiequelle der Zukunft, dann hätten wir es auch innerhalb der Zelle mit einer (elektro-)schwachen Wechselwirkung zu tun, auf der die DNA (56) als Träger der Vergangenheit zum Vorschein kommt, die ihre in sich aufbewahrte Identität den Naturerscheinungen zur Verfügung stellt. Was in der Analogie von Paritätsverletzung (37; 60) und linksdrehendem Eiweißmolekül (34) seine Entsprechung findet. Insofern hätten wir in der belebten Natur einen (elektro-)schwachen Prozess zu sehen, um deswillen die Natur ihr immer gleiches Thema variiert. Und dies Thema heißt Zeit, die nicht nur als elementare Materie in die Erscheinung tritt, sondern als Zelle und menschliches Gehirn ebenso. Eine graphische Darstellung zeigt Abbildung 8.

86 Energy Lines of Time

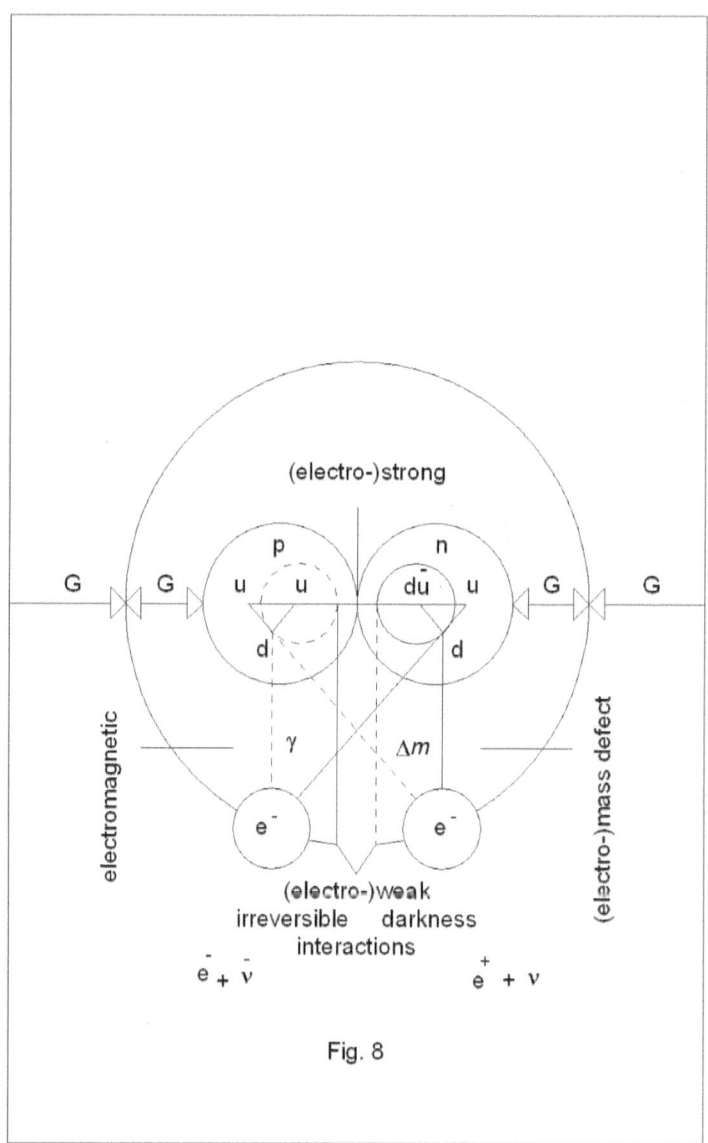

Fig. 8

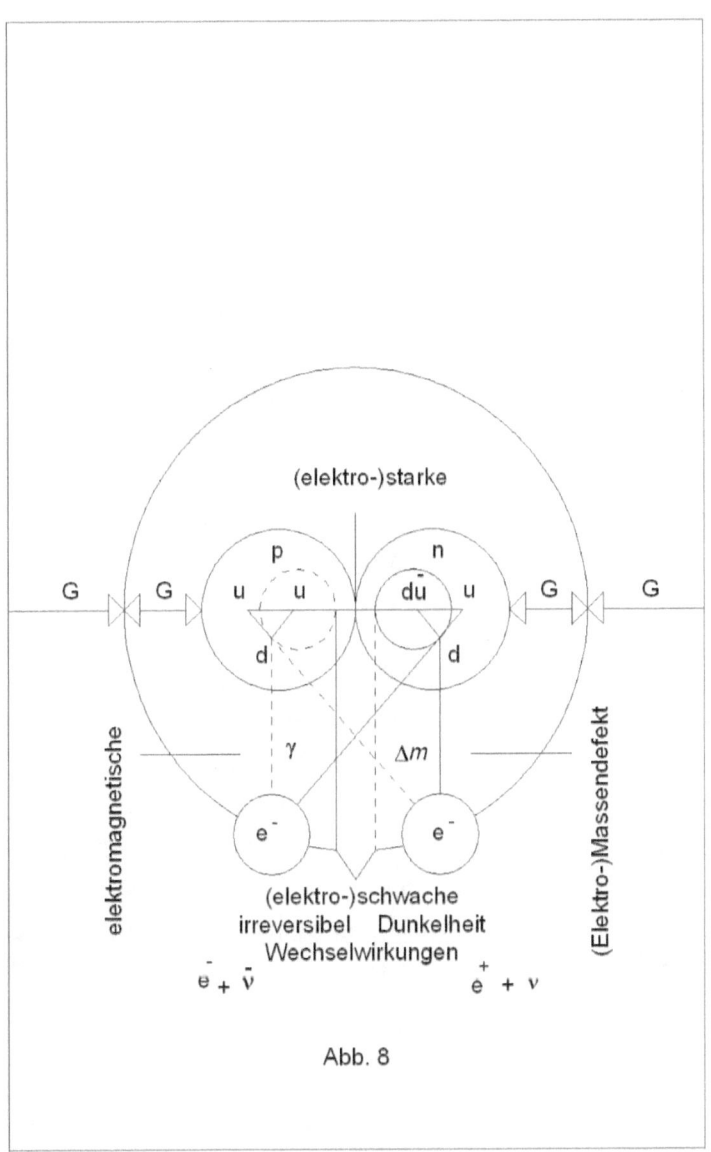

Abb. 8

Behaviour of Time

To conclude, let us speak about the behaviour of time, which reappears in elementary behaviour and reveals itself in radiation energy.

Here we will refer to the quantum mechanics (29) and say with Werner Heisenberg that "the orbit (of an electron) only originates because we observe it". This observation must apply to the behaviour of time. Naturally, this must not be interpreted to the effect that time does not have any real existence. Rather, time measurement now becomes a priority. This leads to the indeterminateness established by the measuring result. Therefore, if the variables of the electron can never be determinable simultaneously and with discretionary accuracy, i.e. its location and impulse, this must also apply to time's variables.

Or, just as the linearly determinable end-point of future energy cannot be spatial present, nor the presently spatial beginning future-linear, their fusion into one another can also not be continual. Hence, the presently spatial continuity can only behave in a discontinuous manner, therefore making the desired time measurement seem indeterminate. This is called a quantum jump, which comes to light as Planck's action quantum (47), the only real moment of time.

However, this statement does not deal with the elementary behaviour of time sufficiently because it neglects the

Verhalten der Zeit

Sprechen wir abschließend über das Verhalten der Zeit, das sich im elementaren Verhalten wiederfindet und in der Strahlungsenergie zum Vorschein kommt.
Hierzu reden wir „über den anschaulichen Inhalt der quantenmechanischen Kinematik und Mechanik" (29) und sagen mit Werner Heisenberg: „Die Bahn (eines Elektrons) entsteht nur dadurch, dass wir sie beobachten." Und diese Beobachtung muss auf das Verhalten der Zeit zutreffen. Freilich darf dies nicht dahingehend ausgelegt werden, als käme der Zeit kein wirkliches Bestehen zu. Vielmehr rückt nunmehr die Zeitmessung in den Vordergrund. Und dies läuft auf die Unbestimmtheit hinaus, die das Messergebnis festschreibt. Denn wenn die Variablen des Elektrons niemals gleichzeitig und mit beliebiger Genauigkeit bestimmbar sind, d.h. sein Ort und Impuls, dann muss dies auch auf die Variablen der Zeit zutreffen.
Anders gesagt: Ebenso wenig wie der linear bestimmte Endpunkt zukünftiger Energie raumgreifend gegenwärtig sein kann und der gegenwärtig raumgreifende Anfang zukünftig linear, ebenso wenig kann ihr Ineinanderübergehen kontinuierlich verlaufen. Womit die gegenwärtig raumgreifende Kontinuität sich nur diskontinuierlich verhalten kann, mithin die angestrebte Zeitmessung unbestimmt erscheinen lässt. Was Quantensprung heißt, der als plancksches Wirkungsquantum (47) zum Vorschein kommt als das allein wirkliche Moment der Zeit.
Indes, mit dieser Feststellung ist das elementare Zeitverhalten nicht zur Genüge abgehandelt, weil die Vergangenheit

past. Here we cannot limit our discussion to one electron. Rather, we must concentrate on two, as the "atom as such" demands. Let us remember the past, which not only stores the present within itself, but also the future. This asserts that the variables of the electron, but also the uninterrupted flux of future energy, is stored in the elementary likeness of the past. This had already suggested itself in the formation of deuteron.

Thus, both present location and future impulse appear multiplied as facticities in the neutron. Consequently, countless facts and events must be stored within the neutron, which takes effect into the natural inner space as a burdened likeness of the past. Presumably, this is responsible for the spin-reversal of an electron. However, this reversal changes neither the presently encompassing continuity of the electron nor its discontinuity. What changes is its local composition which, burdened by itself, opposes its beginning as the end of the present. In short, we concentrate on two electrons because the present beginning cannot exist without its ending. This puts the imbalanced movement of hydrogen into a state of relative stasis.

It remains to be said: the elementary present moves between the Not-Yet future energy and the No-More past burden, i.e. between the two modi of time that are mutually interdependent yet incompatible with one another. This steadies the natural inner space, transferring the acausality. Thus

vernachlässigt blieb. Hierzu dürfen wir unsere Erörterung nicht auf ein Elektron beschränken. Vielmehr müssen wir uns auf zwei Elektronen konzentrieren, wie das „Atom an sich" dies verlangt. Hier erinnern wir an die Vergangenheit, die eben nicht nur die Gegenwart in sich aufbewahrt, sondern die Zukunft ebenso. Was nichts anderes besagt, als dass im elementaren Abbild der Vergangenheit sowohl die Variablen des Elektrons abgelagert sind als auch der ununterbrochene Fluss zukünftiger Energie. Was sich in der Deuteronentstehung bereits andeutete.

Und deshalb müssen im Neutron gegenwärtiger Ort und zukünftiger Impuls als Faktizitäten vervielfacht erscheinen. Sonach wären im Neutron eine unzählige Fülle von Tatsachen und Ereignissen aufbewahrt, die als beschwertes Abbild der Vergangenheit in den naturgegebenen Innenraum hineinwirken. Was vermutlich die Spinumkehr eines Elektrons besorgt. Doch verändert dies Umklappen weder die gegenwärtig raumgreifende Kontinuität des Elektrons noch seine Diskontinuität. Was sich ändert, ist seine örtliche Beschaffenheit, die in sich selbst beschwert als Ende der Gegenwart ihrem Anfang entgegenwirkt. Kurzum: Wir konzentrieren uns deshalb auf zwei Elektronen, weil der gegenwärtige Anfang ohne sein Ende nun mal nicht da sein kann. Was die unwuchtige Bewegung von Wasserstoff in einen Zustand relativer Ruhe versetzt.

Hier lässt sich sagen: Die elementare Gegenwart bewegt sich zwischen dem Noch-Nicht zukünftiger Energie und dem Nicht-Mehr vergangener Schwere und damit zwischen jenen beiden Zeitmodi, die einander bedingen und dennoch unvereinbar miteinander sind. Was den naturgegebenen

remains Planck's action quantum (47), which in the given Now glows colourfully. Hence, within the elementary present, the action of the given Now is:

$$6{,}626 \text{ watt/sec}$$

The specific theory of relativity (17) does not change this. This theory depends on the electromagnetic interaction alone, which takes effect in the natural inner space as the one-dimensional-future energy line of time.

As previously announced, we would like to address the interpretations of quantum mechanics. After all, this form of mechanics distinctly contradicts the generally accepted idea of space and time for which, even 80 years after it was established, no convincing solution has been found (2).

Thought is responsible for this, which is evidenced by Kant's "Principles of Succession in Time, in Accordance with the Law of Causality" (35^2). According to this, causality is not only a necessary category of thought, without which we could neither order our perceptions nor reach empirical findings, but also the form of reasoning that, with its linearity, it is particular to the left cerebral hemisphere. In this respect, Cartesian thought must be added to Kantian causality. In other words, in the left hemisphere, a one-dimensional-future energy committed to causality takes effect, which characterises cognition and its relation to ele-

Innenraum in sich selbst beruhigt und der Akausalität übereignet. Und so bleibt das plancksche Wirkungsquantum (47) übrig, das im gegebenen Jetzt farbig aufleuchtet. Woraus folgt: Innerhalb der elementaren Gegenwart beträgt die Wirkung des gegebenen Jetzt:

6,626 Watt/sec

Daran ändert auch Einsteins spezielle Relativitätstheorie nichts (17). Denn diese Theorie stützt sich allein auf die elektromagnetische Kraftlinie der Zeit, die im naturgegebenen Innenraum zwischen Zukunft und Gegenwart zur Wirkung kommt.

Wie angekündigt wollen wir auf die Deutungen der Quantenmechanik noch eingehen. Immerhin widerspricht die Quantenmechanik so sehr der allgemein gültigen Vorstellung von Raum und Zeit, dass auch 80 Jahre nach ihrer Aufstellung noch keine überzeugende Antwort gefunden wurde (2).

Der Grund ist im Denken zu suchen. Dies belegt der kantische „Grundsatz der Zeitfolge nach dem Gesetz der Kausalität" (35^2). Danach begegnet uns in der Kausalität nicht nur eine notwendige Kategorie des Denkens, ohne die wir unsere Wahrnehmungen nicht einordnen und empirische Erkenntnisse nicht treffen könnten, sondern auch jene Verstandesform, die in ihrer Linearität der linken Hemisphäre eigen ist. Insofern muss zum cartesischen Denken die kantische Kausalität noch hinzugegeben werden. Anders gesagt: In der linken Hemisphäre kommt eine eindimensional-zukünftige und der Kausalität verpflichtete Kraft zur

mentary time. In short: cognition, which is characterised by thought, stands uncomprehendingly in direct opposition to the behaviour of elementary time as its own likeness. Not only does Einstein's negative attitude towards quantum mechanics become understandable here (20), but also the futility of interpretation attempts that, without exception, endeavour to reconstruct the causal chain.

The Bohr idea of complementarity (6) does not change anything here, either. Admittedly, Bohr was able to express acausal natural behaviour in an adequate theory by putting complementarity into opposition with the law of causality on an elementary level.
Nonetheless, he was not able to expose time in its acausality. And if Heisenberg says: "As all experiments are subject to the laws of quantum mechanics, and therefore also to the equation:

$$p_1 \, q_1 \sim h$$

quantum mechanics definitively establishes the invalidity of the law of causality" (29), one is forced to agree, of course only adding: "since elementary matter is not subject of space and time but is an expression of time as natural inner space". Where the specific theory of relativity (17) one-dimensionally and in-future is located. Thus, within this theory time (t) must be exchanged with the one-dimensional-future factor of time (f):

$$ds^2 = c^2 df^2 - dx^2 - dy^2 - dz^2$$

Wirkung, die das Erkennen prägt und seine Beziehung zur elementaren Zeit. Kurzum: Dem Verhalten der elementaren Zeit als seinem eigenen Abbild steht das denkend geprägte Erkennen verständnislos gegenüber. Hier wird nicht nur Einsteins ablehnende Haltung gegenüber der Quantenmechanik einsichtig (20), sondern die Vergeblichkeit der Deutungsversuche ebenso, die ausnahmslos um die Wiederherstellung der Kausalkette bemüht sind.

Daran ändert auch die bohrsche Komplementarität (6) nichts. Zwar konnte Bohr das akausale Naturverhalten in eine adäquate Theorie überführen, indem er auf elementarer Ebene die Komplementarität dem Kausalgesetz entgegenstellte.

Gleichwohl vermochte er nicht, die Zeit in ihrer Akausalität freizulegen. Und wenn Heisenberg sagt: „Weil alle Experimente den Gesetzen der Quantenmechanik und damit der Gleichung:

$$p_1 \, q_1 \sim h$$

unterworfen sind, so wird durch die Quantenmechanik die Ungültigkeit des Kausalgesetzes definitiv festgestellt" (29), dann muss dem zugestimmt werden. Freilich nur mit dem Zusatz: „denn die elementare Materie verhält sich nicht mit Raum und Zeit, sondern ist Ausdruck der Zeit als naturgegebener Innenraum." Worin die spezielle Relativitätstheorie (17) eindimensional-zukünftig eingespannt ist. Woraus folgt: Innerhalb der speziellen Relativitätstheorie muss tempora (t) gegen futura (f) ausgetauscht werden:

$$ds^2 = c^2 df^2 - dx^2 - dy^2 - dz^2$$

That regulates the relationship between quantum-mechanics and the specific theory of relativity and puts the equations of time into a correct spatial order, while clocks and yardsticks are left. They have to be regarded as a cultural convention. Here this is called the spatial classification of time. A graphic representation is given in Figure 9.

Dies regelt die Beziehung zwischen Quantenmechanik und spezieller Relativitätstheorie und bringt die Gleichungen der Zeit in eine korrekte räumliche Ordnung, während Uhren und Maßstäbe übrig bleiben. Sie haben als kulturelle Übereinkunft zu gelten. Was hier die räumliche Einordnung der Zeit heißt. Eine graphische Darstellung zeigt Abbildung 9.

98 Behaviour of Time

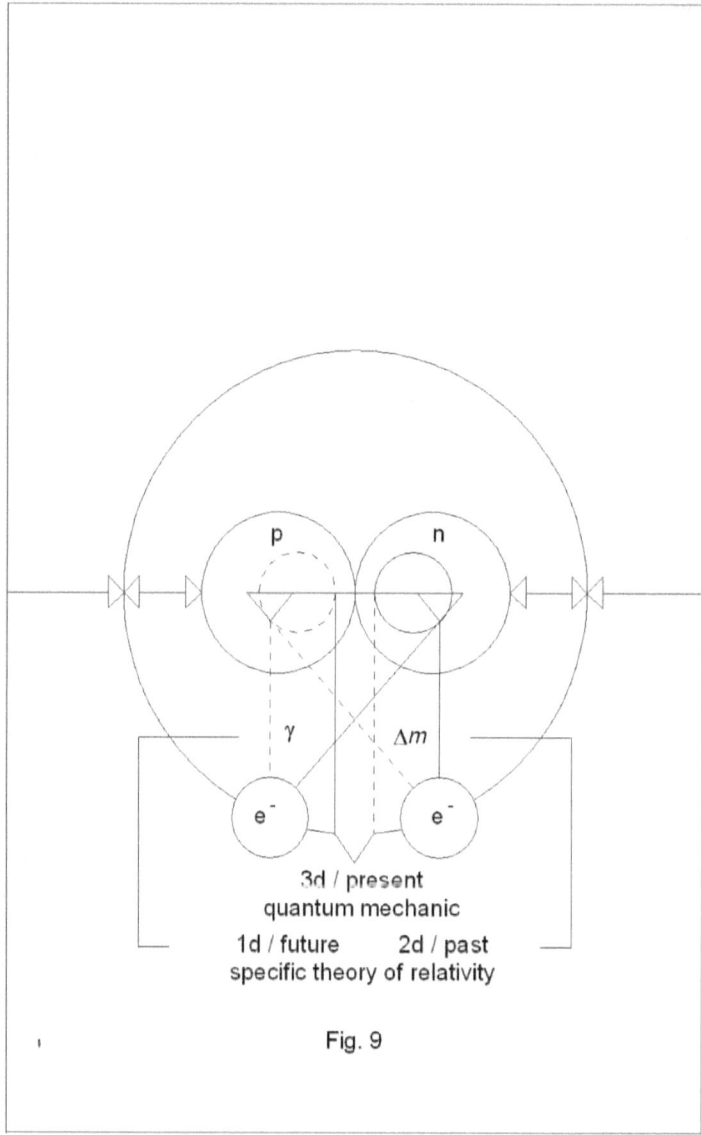

Fig. 9

Verhalten der Zeit 99

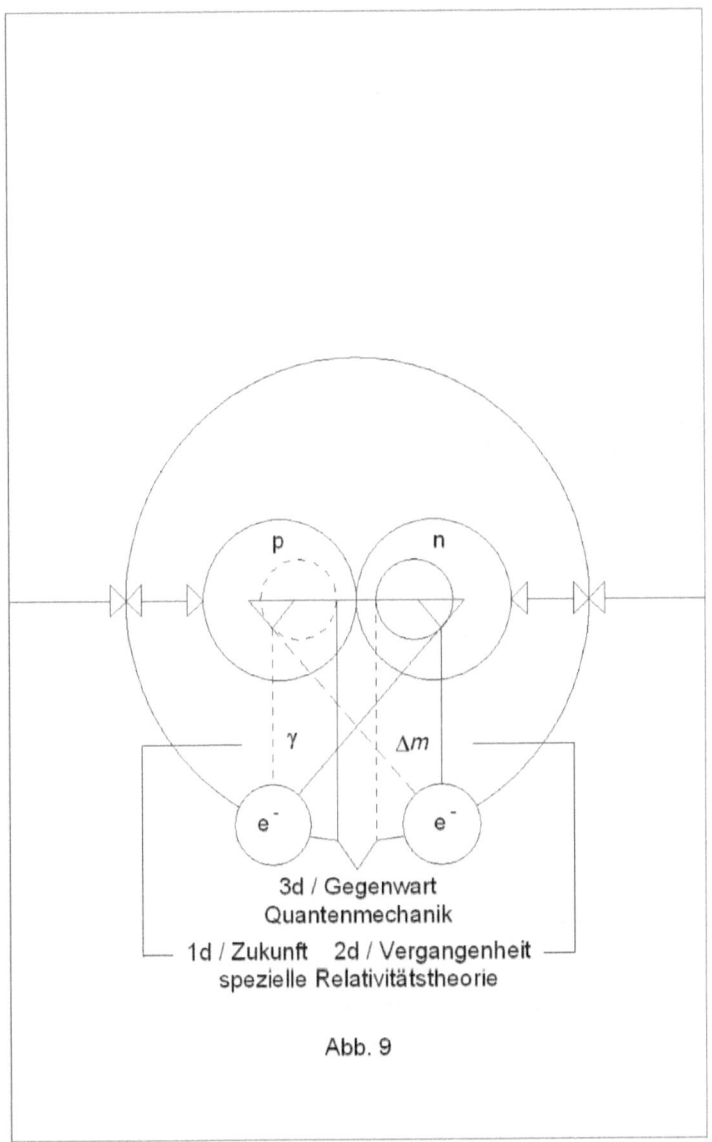

Abb. 9

Epilogue

In the present work we talk about the spatial classification of time. However we do not wish to withhold from the reader our real intention, which aims at thought. To be sure, we are less concerned with what thought is capable – which should be a fairly familiar – but with its incapability, to which a self-destructive effect is causally inherent.

Yet in order to understand why we do not talk about thought itself, but rather go about it in a roundabout way, as it were, by talking about time, we must refer to the human mind and voice a reservation which has always occupied us. To wit, we should not fail to recognise that in the human mind, thought always remains stuck on the level of that which is being thought. Yet this would not only prevent thought from recognising itself; it also includes the recognition of those natural phenomena which exist outside of thought. In other words, there is reason to worry that thought continuously confirms itself, preventing us from thinking in thoughts about thought.

Nonetheless, we agree with the reader on this point: doubt in the ability of thought to recognise something is by no means appropriate inasmuch as the phenomena are certainly accessible to thought outside of thought itself, for instance in their being distinguished by characteristics of their external appearance or their inherent natural laws. This obviously enables thought to allocate these phenomena to animate and inanimate nature. Still, we must point

Epilog

In der vorliegenden Arbeit reden wir über die räumliche Einordnung der Zeit. Doch wollen wir dem Leser unser eigentliches Anliegen nicht vorenthalten, das auf das Denken hinzielt. Dabei ist es uns freilich weniger um das Vermögen des Denkens zu tun – dies dürfte im Wesentlichen bekannt sein – sondern um sein Unvermögen, dem eine selbstzerstörende Wirkung ursächlich innewohnt.

Um aber einzusehen, warum wir nicht über das Denken selbst reden, sondern hierfür gleichsam den Umweg über die Zeit nehmen, müssen wir auf den menschlichen Verstand verweisen und ein Bedenken vorbringen, das uns immer wieder beschäftigt hat. So sollten wir nicht verkennen, dass im menschlichen Verstand das Denken auf der Stufe des Gedachten stets stehen bleibt. Was aber nicht nur ein Erkennen des Denkens durch sich selbst verhindern würde, sondern auch diejenigen Naturerscheinungen miteinbezieht, die außerhalb des Denkens existieren. Also, es ist die Befürchtung einer fortwährenden Bestätigung des Denkens durch sich selbst, die uns davon abhält, denkend über das Denken nachzudenken.

Dennoch, wir stimmen mit dem Leser darin überein: Ein Zweifel am erkennenden Denkvermögen ist keineswegs angebracht, insofern dem Denken die Erscheinungen außerhalb seiner selbst durchaus zugänglich sind, etwa unterschieden nach den Merkmalen ihrer Gestalt oder nach den ihnen innewohnenden Naturgesetzen. Womit das Denken offensichtlich befähigt ist, diese Erscheinungen der belebten und unbelebten Natur zuzuordnen. Wenngleich

out that this ability to distinguish always originates in and is subject to thought; hence it cannot serve as convincing proof of its cognitive faculty.

Viewed in this light, we remain at least doubtful about whether thought can actually recognise the natural phenomena and its own position within them.

We talk about time so as to be able to answer decisively the question inherent in this. For by presuming that time belongs both to human mind as a cognitive entity and to the remaining natural phenomena, it turns out to be their joint reference: therefore it may be used as a cognitive means outside of thought. This is to say that it is time alone from which we may expect to gain information about the relationship between human beings and nature, as it alone can show the reflection of nature and mind. Consequently, we do not have to expect to arrive at the confirmation of thought here of which we were afraid, and are therefore able to avoid it. Space needs be added, as time has made space its condition, and space time. This appears as behaviour of nature, which is indeterminate in itself or acausal.

So far, so good - or perhaps not. For if we take into consideration that the human mind is in its essence integrated in the behaviour of nature and furthermore that within the human mind the energy of thought takes effect and so transforms acausality into causality, then we not only

gesagt werden muss: Auch dies Unterscheidungsvermögen geht immer vom Denken aus, unterliegt demselben, kann folglich nicht schon als überzeugender Beweis für sein Erkenntnisvermögen herhalten.

So besehen bleibt es zumindest zweifelhaft, ob das Denken die Naturerscheinungen außerhalb seiner selbst auch wirklich erkennt und seine eigene Stellung innerhalb derselben.

Um die hierin enthaltene Frage nun mit Bestimmtheit beantworten zu können, deshalb reden wir über die Zeit. Denn indem wir davon ausgehen, dass die Zeit sowohl dem menschlichen Verstand angehört, und zwar in erkennender Form, als auch den übrigen Naturerscheinungen, dann offenbart sich die Zeit als ihre gemeinsame Beziehung, darf folglich als Erkenntnismittel jenseits des Denkens eingesetzt werden. Womit gesagt sein soll: Allein von der Zeit dürfen wir Auskunft erwarten über das Verhältnis von Mensch und Natur, da nur sie die Widerspiegelung von Natur und Verstand aufzuzeigen vermag. Aus diesem Grund ist die befürchtete Denkbestätigung hier nicht zu erwarten, kann sonach umgangen werden. Wozu der Raum noch hinzugegeben werden muss. Denn die Zeit hat den Raum zu ihrer Bedingung erhoben und der Raum die Zeit. Was als Naturverhalten zum Vorschein kommt, das in sich unbestimmt ist oder akausal.

So weit, so gut oder auch nicht. Berücksichtigen wir nämlich, dass der menschliche Verstand wesenhaft in das Naturverhalten eingebunden ist und berücksichtigen des Weiteren, dass innerhalb des menschlichen Verstandes die Kraft des Denkens zur Wirkung kommt und so die Akausalität in

must conclude that the behaviour of nature is destroyed by thought, but also that thought is destroyed by itself. This must be considered.

Hamburg, May 2010
Uta+Heinz Volkenborn

die Kausalität transformiert, dann muss hieraus nicht nur eine Zerstörung des Naturverhaltens durch das Denken gefolgert werden, sondern auch eine Zerstörung des Denkens durch sich selbst. Dies gilt es zu bedenken.

Hamburg, im Mai 2010
Uta+Heinz Volkenborn

References
Nachweise

1 Augustinus A (1982)
Bekenntnisse. Elftes Buch: 312-331
dtv, München

2 Baumann K, Sexl RU (1987)
Die Deutungen der Quantentheorie. Teil 1: 2
Vieweg, Braunschweig/Wiesbaden

3 Bethe HA (1939)
Energy productions in stars.
Phys.Rev. (2) 55: 424-456

4 Bergson H (1994)
Zeit und Freiheit. II: 60-105
EVA, Hamburg

5 Bohr N (1913)
On the Constitution of Atoms and Nucleus.
Phil. Mag. 26: 1-25, 476-502, 857-875

6 Bohr N (1935)
Can quantum-mechanical description of physical
reality be considere complete?
Phys.Rev. 48: 696-702

7 Broca P (1883)
Localisation des fonctions cérébrales – Siège du langage articulé.
Bulletins de la société d`Anthropologie, 4: 200-204

8 Brodal A (1981)
Neurological Anatomy. 3rd edn.
Oxford University Press, New York/Oxford

9 Chadwick J (1932)
The existence of a neutron.
Proc. Roy. Soc. London A 136: 692-708

10 Compton AH (1923)
A quantum theory
of the scattering of X-rays by light elements.
Phys. Rev. (2) 21: 483-502

11 Descartes R (1973)
Discourse de la Methode. Vierter Teil: 33
Meiner, Hamburg

12 Descartes R (1960)
Meditationen über die Grundlagen der Philosophie.
Sechste Meditation[1]; Erste Meditation[2]
Meiner, Hamburg

13 Dirac PMA (1930)
A theory of electrons and protons.
Proc.Roy.Soc. London, A 126: 360-375

14 Dirac PMA (1934)
Theorie du positron.
Structure et Properietes des Noyaux Atomique.
Institute International des Physique Solvay: 205-212

15 Dirac PMA (1963)
The Evolution of the Physicist's Picture of Nature.

Scientific American 208 (5): 45-53

16 Einstein A (1905)
Über einen die Erzeugung und Verwandlung
des Lichts betreffenden heuristischen Gesichtspunkt.
Ann. d. Phys. 17: 132-140

17 Einstein A (1905)
Zur Elektrodynamik bewegter Körper.
Ann. d. Phys. Bd. XVII: 891-921

18 Einstein A (1916)
Die Grundlagen der allgemeinen Relativitätstheorie.
Ann. d. Phys. Bd. XLIX: 769-822

19 Einstein A (1954)
Über die spezielle und die allgemeine Relativitätstheorie.
Vieweg, Braunschweig

20 Einstein, Podolsky and Rosen (1935)
Can quantum-mechanical description of physical
reality considered complete?
Phys. Rev. 47: 777-780

21 Fermi E (1932)
Quantum Theory of radiation.
Rev. Mod. Phys. 4: 87-132

22 Gell Man M (1964)
A schematic model of baryons and mesons.
Physics Letters 8: 214-215

23 Georgie H, Glashow S (1974)
Unity of all elementary-particle forces.
Phys.Rev. Lett. 32: 438-441

24 Glashow S (1960)
Particle-symmetries of weak interactions.
Nuclear Physics 22: 579-588

25 Gross D, Wilczek F (1973)
Ultraviolet behaviour of non Abelian gauge theories.
Phys. Rev. Lett. 30: 1343-1345

26 Halpern O (1933)
Scattering processes produces by electrons
in negative energy states.
Phys. Rev. (2) 44: 855-856

27 Hegel GFW (1986)
Logik II^1: 75; Logik I^2: 49
Suhrkamp, Frankfurt/M

28 Hegel GFW (1986)
Enzyklopädie der philosophischen Wissenschaften. § 120
Suhrkamp, Frankfurt/M

29 Heisenberg W (1927)
Über den anschaulichen Inhalt der quantentheoretischen
Kinematik und Mechanik.
Z. Phys. 43: 172-198

30 Hess WR (1932)
Beiträge zur Physiologie des Hirnstamms I.
Thieme, Leipzig

31 Hubel DH, Wiesel TN (1977)
Functional architecture of the macaque monkey visual cortex.
Proc. R. Soc. London, (Biol) 198: 1-59

32 Imig TJ, Morel A (1983)
Organization of the thalamocortial auditory system in the cat.
Annu. Rev. Neurosci. 6: 90-120

33 Ingvar DH (1985)
Memory of the future;
an essay on the temporal organization of conscious awareness.
Hum. Neurobiol. 4: 127-136

34 Joyce GF, Visser GM et al. (1984)
Hiral selection in poly©-directed synthesis of obligo (G).
Nature, Vol. 310: 602-604

35 Kant I (1988)
Kritik der reinen Vernunft.
Erster Teil[1]: 69-96; Zweiter Teil[2]: 226-242
Suhrkamp, Frankfurt/M

36 Lenard P (1902)
Über die lichtelektrische Wirkung.
Ann. Phys. 8:149-198

37 Lee TD, Yang CN (1956)
Question of parity conservation in weak interactions.
Phys. Rev. (2) 104: 254-258

38 Maxwell JC (1865)
A dynamical theory of the electromagnetic field.
Phil. Trans. Roy. Soc. (London) 155: 459-512

39 Mendeleyev DI (1869)
The relationship between properties and
atomic weights of elements.
Zhurnal Russkogo Chimicheskogo Obtchestva 1: 60-67

40 Michelson AA, Morley EW (1887)
On the relative motion of the earth and the luminiferous ether.
American journal of science,
New Haven Conn. Laboratory 34: 333-345

41 Newton I (1999)
Die mathematischen Prinzipien der Physik. Scholium: I, II
De Gruyter, Berlin/New York

42 Newton I (1999)
Die mathematischen Prinzipien der Physik. Definition: VIII
De Gruyter, Berlin/New York

43 Pauli W (1925)
Über den Zusammenhang des Abschlusses der
Elektronengruppen
im Atom mit der Komplexstruktur der Spektren.
Z. Phys. 31: 765-783

44 Pauli W (1930)
Scientific Correspondence. Vol. III: 1930-1939
Springer-Verlag, New York

45 Peebles PJE (1971)
Physical Cosmologie.
Princeton University, Princeton

46 Penzias AA, Wilson RW (1965)
A measurement of exess antenna temperature at 4080 Mc/S
Astrophys. Journal 142: 419-421

47 Planck M (1900)
Zur Theorie des Gesetzes der Energieverteilung
im Normalspectrum.
Verh. d. D. Phys. Gesellsch. 2/17: 237-245

48 Platon (1931)
Platon Hauptwerke. Timaios: 284-285
Kröner, Leipzig

49 Polchinsky J (1998)
String Theory. Vol. 1: 5-6
Cambridge University Press, Cambridge/New York

50 Prigogine I, Stengers I (1981)
Dialog mit der Natur
Piper, München

51 Rutherford E (1911)
The scattering of α and β particles by matter
and the structure of the atom.
Phil. Mag. 21: 669-688

52 Saenger W (1984)
Principles of Nucleic Acid Structure.
Springer, Heidelberg

53 Salam A (1968)
Elementary Particle Theory.
Almquist and Wiksell, Stockholm

54 Sommerfeld A (1923)
Atomic Structure and Spectral Lines.
Methuen and Dutton, London-New York

55 Sperry RW (1968)
Hemisphere Deconnection and Unity
in Conscious Awareness.
American Psychologist 23: 723-733

56 Watson JD, Crick FH (1953)
A Structure for Deoxyribose Nucleic Acid.
Nature 25: 737

57 Weinberg S (1967)
A model of Leptons.
Phys. Rev. Lett. 19: 1264-1267

58 Weinberg S (1980)
Die ersten drei Minuten. 113-114
dtv, München

59 Wernicke C (1883)
Lehrbuch der Gehirnkrankheiten.
Fischer, Berlin

60 Wu CS, Ambler E et al. (1957)
Experimental test of parity conservation in beta decay.
Phys. Rev. (2) 105: 1413-1414

61 Yukawa H (1935)
On the interaction of elementary particles.
Proc.Math. Soc. Japan 17: 48-57

www.ingramcontent.com/pod-product-compliance
Lightning Source LLC
Chambersburg PA
CBHW031434210526
45464CB00005B/2191